园林工程技术

主　编　吴雯雯
副主编　李海霞　周罗军
　　　　温　瑀

 合肥工业大学出版社

图书在版编目(CIP)数据

园林工程技术/吴雯雯主编 . —合肥:合肥工业大学出版社,2022.5
ISBN 978 - 7 - 5650 - 4992 - 7

Ⅰ.①园… Ⅱ.①吴… Ⅲ.①园林—工程施工—高等职业教育—教材
Ⅳ.①TU986.3

中国版本图书馆 CIP 数据核字(2020)第 206936 号

园林工程技术

吴雯雯 主编　　　　　　　　　责任编辑　马成勋

出　版	合肥工业大学出版社	版　次	2022 年 5 月第 1 版
地　址	合肥市屯溪路 193 号	印　次	2022 年 5 月第 1 次印刷
邮　编	230009	开　本	787 毫米×1092 毫米　1/16
电　话	理工图书出版中心:15555129192	印　张	12.5
	营销与储运管理中心:0551 - 62903198	字　数	311 千字
网　址	www.hfutpress.com.cn	印　刷	安徽联众印刷有限公司
E-mail	hfutpress@163.com	发　行	全国新华书店

ISBN 978 - 7 - 5650 - 4992 - 7　　　　　　　　　定价: 36.00 元

如果有影响阅读的印装质量问题,请与出版社营销与储运管理中心联系调换。

前　言

园林工程技术是一门集工程、艺术、技术于一体的综合性课程,是园林技术专业和园林工程专业重要的专业课。本书是 2018 年安徽省教育厅高水平高职教材建设的立项项目(2018yljc263)。本书从园林类岗位需求出发,基于工作过程,以能力培养为目标,以项目任务为载体,组织内容编写而成。本书的目标是指导学生能画一套施工图,能写一本施工组织设计材料,能进行小型绿地施工,为培养园林企业施工员、设计员、监理员等高素质技能型人才提供理论和技术支持。

本书合理选择园林工程项目,以具体项目为任务载体,将内容分解为土方工程、给排水工程、水景工程、园路工程、山石工程、园林供电照明工程 6 个项目,共 21 个任务。如将水景工程项目分成驳岸和护坡工程设计与施工、人工湖建造、溪流工程设计与施工、瀑布工程设计与施工、喷泉工程设计与施工 5 个任务。

本书贯彻 CDIO 工程教育模式的理念与思想,采用任务提出、任务分析、任务实施、任务完成和效果评价组织具体任务,课后有知识拓展、思考与练习和随堂测验巩固学习任务,从而实现实践与理论相融合"教、学、做"一体化的教学目标。

本书由吴雯雯担任主编,李海霞、周罗军、温瑀担任副主编。池州职业技术学院吴雯雯编写项目一中的任务二、任务三和项目二(共计 4.2 万字),并负责提纲拟定、统稿、定稿;池州职业技术学院胡姝负责编写项目一中的任务一。广东科贸职业学院周罗军负责编写项目三中的任务一、任务二;燕山大学温瑀负责编写项目四;池州职业技术学院李海霞负责编写项目三中的任务四、任务五;广东科贸职业学院陈婷负责编写项目三中的任务三;山东农业工程学院颜亚男负责项目五中的任务一;合肥蓝光房地产开发有限公司谷惠牧负责编写项目五中的任务二、任务三;吉林农业科技学院杨波负责项目六,池州职业技术学院方金生教授、戴启培教授、徐洪武老师,安徽远信工程项目管理有限公司张勇对本书的编写提供了指导。另外,还有众多老师参与了本书的校对等工作。

在编写过程中,参考了许多专家、学者的论著及网络资源,汲取了多方面的研究成果,在此向他们表示最诚挚的谢意。由于编者水平有限,书中疏漏之处在所难免,恳请广大读者和专家批评指正。

编者

2022 年 3 月

目 录

项目一 土方工程

园林建设最先涉及的工程就是土方工程。土方工程涉及的范围很广,如挖湖堆山、平整场地、挖沟埋管、开槽铺路等。土方工程投资和工程量很大,工期较长。土方工程完成的速度和质量影响着后续工程,与工程进度关系密切。

土方工程中,首先进行园林用地竖向设计,一般由设计人员根据总体的布局构思、设计内容、用地现状、土壤性质等因素综合设计。其次是土方工程量的计算和平衡调配工作,总的原则是在满足设计意图的前提下尽量减少土方的施工量,尽量做到就地平衡。最后是土方施工,包括准备工作、清理现场、定点放线以及土方施工。

任务一 园林用地竖向设计

竖向设计是指一块场地上进行垂直于水平方向的布置和处理。园林用地竖向设计就是根据现状以及设计的主题和布局的需要,从功能和审美的角度出发,对原地形进行充分的利用和改造,使园林中各个景点、各种设施以及地貌在高程上创造出高低变化和协调统一的设计。同时能形成良好的排水坡度,避免形成过大的地表径流冲刷,造成滑坡或塌方;形成良好的生态小气候,以满足游人对环境质量的要求。

竖向设计的合理与否,不仅影响着整个园林绿地景观和建成后的管理,还直接影响着土方的工程量与园林的基建费用。一项好的竖向设计应该是以充分体现设计主旨为前提而使施工的土方量最少或较少的设计。

学习目标

- 了解园林用地竖向设计常识。
- 熟悉园林竖向设计前期准备工作。
- 能用等高线和点标高进行园林用地竖向设计。

任务提出

学院现有一块拟建绿地,地形近为平地,现状图、原地形图如图 1-1-1、图 1-1-2 所示。地形竖向设计范围为长方形,长 120 m,宽 140 m。其北边为学院园林花房,南边为绿地入口,西边为学院运动场,东边种植剑兰。现将绿地改造成山地,要求地形自然、富有变化,避免出现馒头山和笔架山。

图 1-1-1 现状图

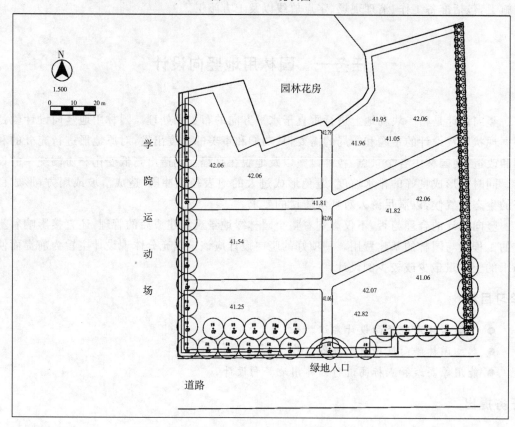

图 1-1-2 原地形图

任务分析

要将图 1-1-1、图 1-1-2 所示的地形改造成山地,首先要进行地形竖向设计。地形竖向设计最常见的方法是在原地形上绘制等高线和点标高,用设计地形等高线或设计点标高方法进行改造,图 1-1-3 所示就是某园林绿地的原地形和设计地形。

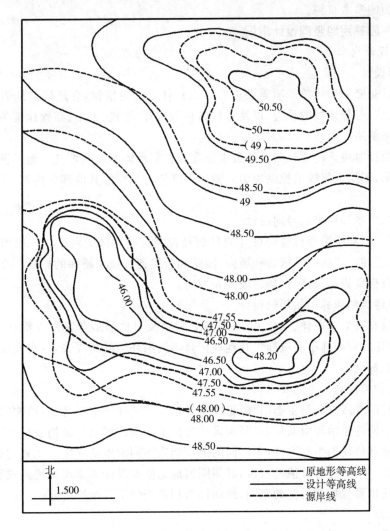

图 1-1-3 某园林绿地的原地形和设计地形

任务完成流程:资料收集──→园林用地竖向设计常识──→竖向设计准备工作──→地形竖向设计。

任务实施

步骤一 资料收集

竖向设计之前,要详细地收集各种技术资料,并进行分析、比较和研究,对全园现状和环境条件特点做到心中有数。收集资料的原则是关键资料必须齐备,技术支持资料要尽量齐备,相关的参考资料越多越好。收集的主要资料有园林用地及附近地区的地形图(比例为1∶500或1∶1000),当地水文地质、气象、土壤、植物等的现状和历史资料,城市规划对该园林用地及附近地区的规划资料、市政建设及其地下管线资料,园林总体规划初步方案及规划所依据的基础资料,所在地区的园林施工队伍状况、施工技术水平、劳动力素质与施工机械化程度等方面的参考材料。

步骤二 园林用地竖向设计常识

1. 竖向设计内容

(1)地形设计

地形设计是竖向设计的一项重要内容。以总体设计为依据,合理确定地表起伏变化形态,如峰、峦、坡、谷等地貌的设置,以及它们的相对位置、形状、大小、高程比例关系等都要通过地形设计来解决。

在地形设计时应该注意控制土体最大坡度和控制水体岸坡的坡度。地形设计总的原则是多搞微地形,不搞大规模的挖湖堆山。微地形既能与工程的其他部分协调,又能节约土方工程量。

(2)园路、广场和桥梁的竖向设计

对园路、广场和桥梁进行竖向设计的目的是控制这些地区的坡度。一般图纸上用设计等高线表示出园路、广场的纵横坡和坡向,园路和桥梁连接处及桥面的标高。在小比例图纸上则用变坡点标高表示园路、广场的坡度和坡向。

(3)园林建筑和园林小品竖向设计

园林建筑具有形式多样、变化灵活、因地制宜以及与地形结合紧密等特点,在进行竖向设计时,园林建筑和园林小品应标出其地坪标高与周围环境的高程关系,在大比例图纸上应标注出各角点标高。

(4)植物种植在高程上的要求

现代园林的发展方向是生态园林,植物造景是生态园林的重要特征,植物的生长过程要考虑到创造不同的生活环境条件,对竖向设计提出了很高的要求。植物栽植时,应该考虑地形地貌的影响和植物的生长习性,为不同的植物创造不同的生活环境。规划过程中,原地形中可能会保留一些十分有价值的古树,其周围的地面依据设计如果需要增高或者降低,应该在图纸上标注出要保护的古树的范围、地面标高和适当的工程维护措施。

(5)排水设计

在地形设计的同时,要充分考虑地面水的排除问题。一般规定,无铺装地面的最小排水坡度为 0.5%,铺装地面为 0.3%。具体排水坡度要根据土壤性质、汇水区大小、植被情况等因素而定。

根据排水和护坡的实际需要,合理配置必要的排水构筑物设施,如雨水口、检查井、出水口、截水沟、排洪沟、排水渠,以及工程构筑物,如挡土墙、护坡等,建立完整的排水管渠系统和土地保护系统。

(6)管道设计

管线设计的目的是解决各类管线在平面和竖向的相互关系,使得管线之间、管线与建筑之间在平面和竖方向上相互协调,紧凑合理。城市管线较多,主要有给水、排水(污水、雨水)、电力、电信、热力和燃气管线等,园林中的管线较少,一般只有前 4 种。管线一般采用综合平面图表示。

2. 地形竖向设计的方法

地形竖向设计的方法有很多种,如等高线法、断面法、模型法等。最实用的是等高线法,下面介绍此种方法。

(1)等高线的概念

将地面表面上标高相同的点相连接的直线或曲线称为"等高线"。一般地形图上有两种等高线,一种是基本等高线,又称首曲线,常用细实线表示;另一种是每隔 4 根首曲线加粗 1 根,并标注高程,称为计曲线。

(2)等高线的特点

① 同一等高线上任何一点高程都相等。

② 相邻等高线之间的高差相等。

③ 等高线的水平间距的大小表示地形的缓或陡。疏则缓,密则陡。

④ 等高线都是连续、闭合的曲线。

⑤ 等高线一般都不相交、不重叠(悬崖处除外)或合并。

⑥ 等高线在图纸上不能直穿横过河流、峡谷、堤岸和道路。

3. 土壤的自然倾斜角

土壤的自然倾斜角(安息角)是指土壤自然堆积,经沉落稳定后的表面与地平面所形成的夹角,以 α 表示,$tg\ \alpha=h/L$,如图 1-1-4 所示。

设计地形时,为了使地形稳定,其边坡坡度数值要参考自然倾斜角值。图 1-1-5 为相应的坡度计算示意图。土壤的自然倾斜角的大小受土壤类别和土壤含水量的影响。

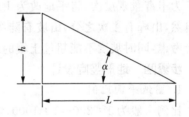

图 1-1-4　土壤自然安息角示意图

坡度公式:

$$i=h/L$$

式中:i——坡度;

　　　h——高差;

　　　L——水平间距。

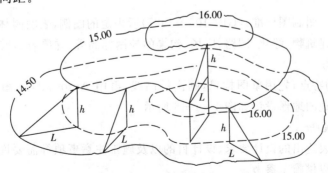

图 1-1-5　相应的坡度计算示意图

步骤三 竖向设计准备工作

1. 绘图工具准备

图板、图纸、绘图工具和计算机制图工具。

2. 现场踏勘与调研

在掌握上述资料的基础上,应亲临园林建设现场,进行认真的踏勘、调查,并对地形图等关键资料进行核实。

(1)发现地形、地物现状与地形图上有不吻合处或有变动处,要搞清变动原因,进行补测或现场记录,以修正和补充地形图的不足之处。

(2)对保留利用的地形、水体、建筑、文物古迹等要加以特别注意,要记载下来。

(3)对现有的大树或古树名木的具体位置,必须重点标明。

(4)查明地形现状中地面水的汇集规律、集中排放方向及位置、城市给水干管接入园林的接口位置等情况。

从图1-1-2可以看出,原地形是一块平地,绝对高程在42.00 m左右。

3. 认真理解地形设计要求

为丰富景观层次,将平地改为山地,应因地制宜,填挖结合。竖向设计时要波动起伏,师法自然,山峰有主次之分,山坡有陡缓之变,应处理好起伏、缓急、进退关系。结合排水系统综合考虑,同时坡度不能超过土壤的最大倾斜角。

步骤四 地形竖向设计

1. 图纸平面比例

比例一般为1∶200～1∶1000,常用为1∶500。

2. 确定主峰高度和坡度

由于地形为土方填筑而成,且填土的要求为一、二类土,充分考虑土壤的安息角,主峰的高程不能超过47 m,坡度角不能超过30°。

3. 确定等高距

设计等高距应与地形图相同,如果图纸经过放大,则放大后的图纸比例选用合适的等高距。一般可用等高距为0.25～1 m。为了较详细地反映设计地形的情况,将等高距确定为0.50 m。

4. 图纸内容

用国家颁布《总图制图标准》(GBJ 103—1987)所规定的图例,表明园林各项工程平面位置的详细标高,如建筑物、绿化、园路、广场、沟渠的控制标高等,并要表示坡面排水走向。

5. 等高线绘制

根据等高线的特点,先用草图构思,画出等高线,再用 AutoCAD 制图软件绘制出正规图样,拟建园林绿地的地形设计如图1-1-6所示。

6. 竖向设计说明

将图、表不能表达出的设计要求、设计目的以及施工注意事项等需要说明的内容编写成竖向设计说明书,以供施工参考。

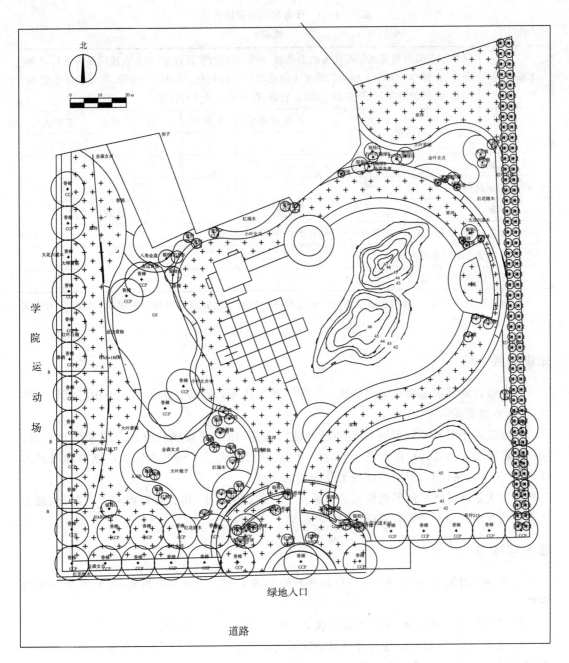

图 1-1-6 拟建园林绿地的地形设计

任务完成和效果评价

学生按照既定计划按步骤完成学习和工作任务,提交学习成果(课堂笔记和作业)、工作成果及体会。任务完成效果评价表见表 1-1-1 所列。

表 1-1-1 任务完成效果评价表

班级:　　　　　　学号:　　　　　　姓名:　　　　　　组别:

考核方法	从学生查阅资料完成学习任务的主动性、所学知识的掌握程度、语言表述情况等进行综合评定;在操作中对学生所做的每个步骤或项目进行量化,得出一个总分,并结合学生的参与程度、所起的作用、合作能力、团队精神、取得的成绩进行评定				
任务考核问题	极不满意	不满意	一般	满意	非常满意
	1	2	3	4	5
1. 设计思路					
2. 图样的表达效果					
学生自评分:		学生互评分:		教师评价分:	
综合评价总分(自评分×0.2+互评分×0.3+教师评价得分×0.5):					
学生对该教学方法的意见和建议:					
对完成任务的意见和建议:					

　　注:如果对项目的设置、教师在引导项目完成过程中的表现以及完成项目有好的建议,请填写"对完成任务的意见和建议"。

知识拓展

　　竖向设计的方法主要有等高线法、断面法、模型法等。等高线法在本任务中已经详细阐述,在此不加赘述。

　　断面法用于粗放和地形狭长的地段的地形表达,辅助图要能较直观地说明设计意图。利用许多断面表达设计地形以及原有地形状况,断面图表示了地形按比例在纵向和横向的变化,利于土方量计算,但不能详细地反映地形状况。

　　模型法是将设计的地形地貌实体形象按一定的比例缩小,用特殊材料和工具制作、加工和表现的方法。模型法具有直观、形象等特点。

思考与练习

　　1. 在 A3 图纸上,利用 AutoCAD 软件抄绘如图 1-1-3 所示的图形,并标明等高线的高程。

　　2. 选择学校一块绿地,先进行方案设计,再对其进行地形竖向设计。

　　3. 查阅资料,写出可以进行方格网法计算的计算机软件种类。并且列出具体的操作步骤,然后分析对电子图的要求。

随堂测验

　　1. 土壤密度是指单位体积内天然状况下的土壤质量,单位为(　　)。

A. kg/m^2　　　　　　B. kg/m^3　　　　　　C. g/m^3　　　　　　D. kg/m

　　2. 在寒冷地区冬季冰冷、多积雪,为安全和使用方便,广场的横坡不大于(　　)。

A. 2%　　　　　　B. 5%　　　　　　C. 7%　　　　　　D. 10%

3. 通常为了排水,要求铺装地面的最小坡度为(　　)。

A. 0.1% 　　　　　B. 0.2% 　　　　　C. 0.3% 　　　　　D. 0.5%

4. 土壤的容量即单位体积内的土壤重量,测定时,必须在土壤处于(　　)。

A. 干燥状况下 　　　　　　　　　　B. 湿土状况下

C. 松散状况下 　　　　　　　　　　D. 天然状况下

5. 在土方工程中,一般按土的开挖难易程度将土分为(　　)等类型,这也是确定劳动定额的依据。

A. 松散土、普通土、坚土、砂砾坚土 　　B. 坚土、砂砾坚土

C. 软石 　　　　　　　　　　　　　　D. 次坚石、坚石、特坚石

6. 在土方工程中,施工技术和定额应根据具体的土壤类别来确定。(　　)

A. √ 　　　　　　　　　　　　　　　B. ×

7. 土壤的自然倾斜角不受其含水量的影响。(　　)

A. √ 　　　　　　　　　　　　　　　B. ×

8. 土壤的自热倾斜角是指土壤自然堆积,经沉落稳定后的表面与地平面所形成的夹角。(　　)

A. √ 　　　　　　　　　　　　　　　B. ×

任务二　土方工程量的计算和平衡调配

　　土方工程中始终要考虑在满足设计意图的情况下，应尽量减少土方的施工量，节约投资和缩短工期。对土方的挖填运输都要计算，以提高工作效率和保证工程质量。通过土方工程量计算，设计师修订图纸中不合理的地方，使得图纸更加完善。投资方能通过工程量计算所得的资料进行投资预算，为施工方编写施工组织设计提供参考。

　　土方的平衡调配工作是土方规划设计的一项重要内容，其目的在于在土方运输量或土方成本为最低的情况下，确定填方区和挖方区土方的调配方向和数量，从而达到缩短工期和提高经济效益的目的。

学习目标

- 掌握用插入法求原地形高程的方法。
- 熟悉求零点位置和绘制零点线。
- 会用方格网法计算土方量。
- 能进行土方量的平衡和调配。

任务提出

　　某小区为了游园活动的需要，拟将高低起伏的地形平整为三面向两面坡的"T"形广场，要求广场具有 2% 坡度和 1.5% 坡度（见图 1-2-1），土方就地平衡，试求其设计标高并计算其土方量。

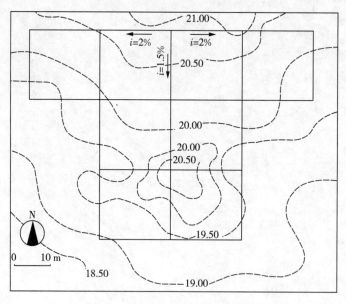

图 1-2-1　某小区原地形和"T"形广场

任务分析

平整场地的工作是将原来高低起伏、比较破碎的地形整理为平坦的并具有一定坡度的场地,整理这类地形土方计算最适宜用方格网法,如停车场、集散广场、体育场、露天剧场等。方格网法是把平整场地的设计工作和土方量计算结合到一起,涉及土体挖方和填方,为了达到挖方量和填方量基本平衡,对土方量进行计算是必要的,并根据计算结果进行土方平衡调配。

任务完成流程:划分方格网——→确定各角点标高——→确定零点线位置——→土方工程量计算——→土方调配。

任务实施

步骤一 划分方格网

在附有等高线的施工场地上划分方格网,控制施工场地。方格网边长数值取决于地形的复杂程度和所要求的精确程度,园林工程中一般采用 20 m 至 40 m。按南北方向划分边长 20 m 的方格网。将各点角点编号、原地形标高、设计标高和施工标高填入方格网相应位置,如图 1-2-2 所示。

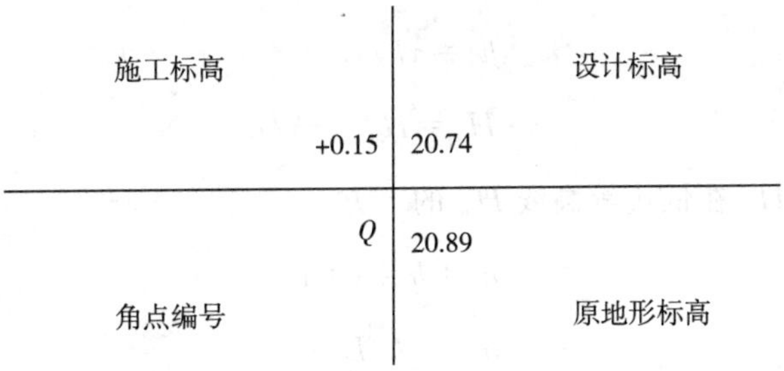

图 1-2-2 Q 点方格网标高表示方法

步骤二 确定各角点标高

1. 原地形标高

若等高线与方格网相交,该点原地形高程为等高线上面的高程;若不相交,则用插入法在地形图上求出各角点的原地形高程,或者将各方格网上各角点测设到地面上,然后测出各角点的高程,并标在图上。插入法求任意点高程示意图,如图 1-2-3 所示。

设 H_x 为欲求角点的原地面高程,过此点作相邻两等高线间最小距离 L。则

$$H_x = H_a \pm xh/L$$

式中:H_a——位于低边等高线的高程;

x——角点至低边等高线的距离;

h——等高差。

插入法求某地面高程通常会遇到三种情况。

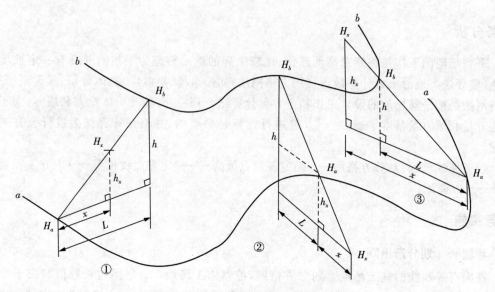

图 1-2-3 插入法求任意点高程示意图

(1)待求点标高 H_x 在两等高线之间。

$$h_x : h = x : L$$

$$h_x = xh/L$$

$$H_x = H_a + xh/L$$

(2)待求点标高 H_x 在低边等高线 H_a 的下方。

$$h_x : h = x : L$$

$$h_x = xh/L$$

$$H_x = H_a - xh/L$$

(3)待求点标高 H_x 在低边等高线 H_a 的上方。

$$h_x : h = x : L$$

$$h_x = xh/L$$

$$H_x = H_a + xh/L$$

用插入法求角点 4-1 的原地形标高:如图 1-2-4 所示,过点 4-1 作相邻两等高线间距离最短的线段。用比例尺量得 $L = 12.6$ m,$x = 7.4$ m,等高距 $h = 0.5$ m,代入插入法求两相邻等高线之间任意点高程的公式。

$$H_x = 20.00 + 7.4 \times 0.5/12.6 = 20.29 (\text{m})$$

用同样的方法将其余各角点一一求出,并标记在图上。

2. 平整标高

平整标高又称为计划标高,平整在土方工程的含义就是,把一块高低不平的地面在保证土方平衡的前提下,挖高垫低使得地面成为水平的,这个水平地面的高程就是平整标高。设计中通常用原地形的高程的平均值(算数平均值或加权平均值)作为平整标高。我们可以把这个标高理解为居于某一水准面之上而表面上崎岖不平的土体,经平整后使其表面成为水平的,经平整后的这块土体的高度就是平整标高,如图1-2-5所示。

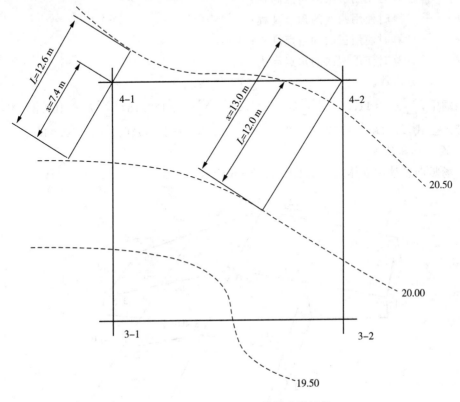

图1-2-4 求角点4-1的原地形标高

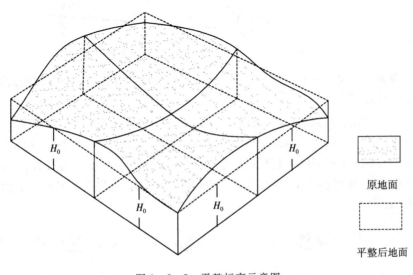

图1-2-5 平整标高示意图

设平整标高为 H_0,则:

$$H_0 = (\sum h_1 + 2\sum h_2 + 3\sum h_3 + 4\sum h_4)/4N$$

式中:h_1—— 计算时使用一次的角点高程;

$\quad\quad h_2$—— 计算时使用两次的角点高程;

$\quad\quad h_3$—— 计算时使用三次的角点高程;

$\quad\quad h_4$—— 计算时使用四次的角点高程;

$\quad\quad N$—— 方格数。

例题中,$\sum h_1 = 117.64, 2\sum h_2 = 241.34, 3\sum h_3 = 120.18, 4\sum h_4 = 162.84, N = 8$。

带入公式,得:$H_0 = (117.64 + 241.34 + 120.18 + 162.84)/(4\times8) = 20.06(\text{m})$。

3. 设计标高的确定

广场竖向设计后立体效果图如图 1-2-6 所示。

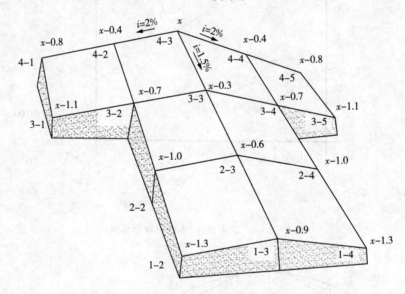

图 1-2-6 广场竖向设计后立体效果图

设计高程为 x,角点 4-3 最高,依据给定的坡向、坡度和方格边长,可以计算出其他各角点假定的设计高程。

以角点 4-2 为例,角点 4-2 在角点 4-3 的下坡,平距 $L = 20$ m,设计坡度 $i = 2\%$,则角点 4-2 的高差为 $h = i \cdot L = 0.02\times20 = 0.4(\text{m})$。所以,角点 4-2 的假定设计高程为 $(x - 0.4)$m。而在纵方向 3-3,因其设计坡度为 1.5%,所以角点 3-3 的假设设计高程为 $(x - 0.3)$m。以此类推,便将各个角点的假定设计高程一一求出,再将图上各角点的假定设计高程值代入求 H_0 的公式得

$$\sum h_1 = 6x - 6.4, 2\sum h_2 = 12x - 7.4, 3\sum h_3 = 6x - 4.2, 4\sum h_4 = 8x - 3.6$$

$$H_0 = (6x - 6.4 + 12x - 7.4 + 6x - 4.2 + 8x - 3.6)/(4\times8) = x - 0.675$$

前面求得 $H_0 = 20.06$ m,代入上式,得

$$20.06 = x - 0.675$$

$$x = 20.74$$

求出了角点的设计高程,就可依此将其他角点的设计高程逐一求出。

4. 施工标高的确定

施工标高=原地形标高－设计标高。该式计算所得数,正者为挖方,负者为填方。各角点施工标高计算结果见表 1-2-1 所列。

表 1-2-1 各角点施工标高计算结果

角点	原地形标高	设计标高	施工标高	角点	原地形标高	设计标高	施工标高
4-1	20.29	19.94	+0.35	3-4	20.15	20.04	+0.11
4-2	20.54	20.34	+0.20	3-5	19.64	19.64	0
4-3	20.89	20.74	+0.15	2-2	19.50	19.74	−0.24
4-4	21.00	20.34	+0.66	2-3	20.50	20.14	+0.36
4-5	20.23	19.94	+0.29	2-4	19.39	19.74	−0.35
3-1	19.37	19.64	−0.27	1-2	18.90	19.44	−0.54
3-2	19.91	20.04	−0.13	1-3	19.35	19.84	−0.49
3-3	20.21	20.44	−0.23	1-4	19.32	19.44	−0.12

步骤三 确定零点线位置

所谓零点,就是指不挖不填的点,零点的连线就是零点线。零点线是挖方和填方的分界线,因而零点线成为土方计算的重要依据之一。在一个方格网内同时有填方或挖方时,就一定有零点线存在。应先算出方格网边上的零点的位置,并标注于方格网上,连接零点即得填方区与挖方区的分界线(即零点线)。零点线是土方计算的重要依据之一。

在相邻两角点之间,如若施工标高一个为"＋",一个为"－",则它们之间必有零点的存在。零点位置示意图如图 1-2-7 所示,设 x 为零点距 h_1 一端水平距离,其位置可由下面公式求得:

$$x = ah_1/(h_1 + h_2)$$

式中:x——角点至零点的距离(m);

h_1/h_2——相邻两角点的施工标高绝对值(m);

a——方格网的边(m)。

某住宅小区广场填、挖方区划图如图 1-2-8 所示,以方格Ⅰ的点 4-1 和点 3-1 为例,求其零点。4-1 点施工标高为＋0.35 m,3-1 点的施工标高为－0.27 m,取绝对值代入上式得:

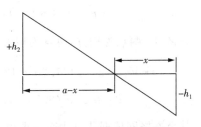

图 1-2-7 零点位置示意图

$$x=ah_1/(h_1+h_2)=20\times0.35/(0.35+0.27)=11.29(\text{m})$$

零点位于距 4-1 点 11.29 m 处。用相同的方法求出其余零点,并依据地形特点将各零点连接成零点线。按零点线将挖方区和填方区分开,以便计算其土方量。

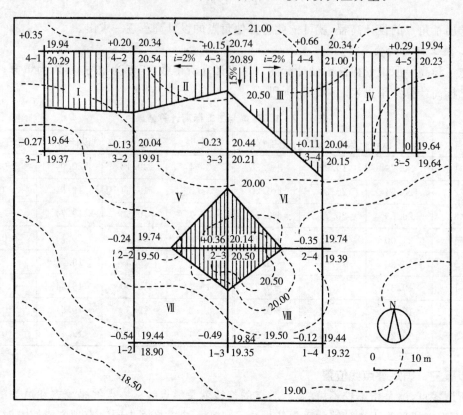

图 1-2-8　某住宅小区广场填、挖方区划图

步骤四　土方工程量计算

根据零点线可计算出填方、挖方的面积,而施工标高又为计算土方量提供填方和挖方的高度,根据方格网计算出土方量的公式(见表 1-2-2)可逐一求出方格内的挖方量和填方量。

以方格Ⅳ、方格Ⅰ为例计算土方量。

方格Ⅳ:四个角点施工标高全是"+"号,是挖方,用公式 $V=a^2\times\sum h/4$ 进行计算,则

$$V_{Ⅳ}=400\times(0.66+0.29+0.11+0)/4=106(\text{m}^3)$$

方格Ⅰ:两点为挖方,两点为填方,用公式 $\pm V=a(b+c)\times\sum h/8$ 进行计算,则

$$+V_{Ⅰ}=20\times(11.29+12.25)(0.35+0.20+0+0)/8=32.4(\text{m}^3)$$

$$-V_{Ⅰ}=20\times(8.75+7.75)(0.27+0.13+0+0)/8=16.5(\text{m}^3)$$

其余方格网依据此方法逐一求出,将计算结果逐一求出,并将结果逐项填入土方量计算表,见表 1-2-3 所列。

表 1-2-2　方格网计算土方量公式

序号	挖填情况	平面图	立体图	计算公式
1	四点全为填方（或挖方)时			$\pm V = a^2 \sum h/4$
2	两点填方、两点挖方时			$\pm V_1 = a(b+c)\sum h/8$ $\pm V_2 = a(d+e)\sum h/8$
3	三点填方（或挖方)、一点挖方（或填方）时			$\pm V_1 = (2a^2 - bc)\sum h/10$ $\pm V_2 = bc\sum h/6$
4	相对两点为填方（或挖方)，其余两点为挖方（或填方）时			$\pm V_1 = bc\sum h/6$ $\pm V_2 = (2a^2 - bc - de)\sum h/12$ $\pm V_3 = de\sum h/6$

表 1-2-3　土方量计算表(单位:m³)

方格编号	挖方	填方	备注
V_{I}	32.4	16.5	
V_{II}	17.6	17.9	
V_{III}	58.5	6.3	
V_{IV}	106.0	—	
V_{V}	8.8	39.2	
V_{VI}	8.2	31.2	
V_{VII}	6.1	88.5	
V_{VIII}	5.2	60.5	
总计	242.8	260.1	缺土 17.3

步骤五　土方调配

土方调配工作是土方规划设计的一项重要内容,必须考虑工程和现场情况、工程进度要求、土方施工方法以及分批施工工程的土方堆放和调运问题。土方调配目的是在土方运输和土方的成本最低的条件下,确定填方区和挖方区的调配方向和数量,从而达到缩短工期和提高经济效益的目的。

1. 土方调配原则

(1)挖、填方量基本达到平衡,减少重复倒运。

(2)挖方量与运距的乘积之和尽可能为最小,即总土方运输量或运输费用最小。

(3)好土应用在回填质量较高的地区,避免出现质量问题。

(4)取土或去土应尽量不占其他绿地或园林设施。

(5)分区调配与全区调配相协调,避免只顾局部平衡,任意挖填,而破坏全局平衡。

(6)调配应与地下构筑物施工相结合,有地下设施的填土,应留土后填。

(7)选择恰当的调配路线、运输路线、施工顺序,避免土方运输出现对流和乱流现象,同时便于机具调配和机械化施工。

2. 土方调配的步骤和方法

(1)划分调配区

在平面图上先绘出挖填区的分界线,并在挖方区和填方区适当划出若干调配区。确定调配区的大小和位置。划分时应注意考虑开工顺序,分期施工;调配区大小应满足土方施工用主导机械的行驶操作尺寸要求;调配区范围应和土方工程量计算用的方格网相协调,一般可由若干个方格组成一个调配区;当土方差额较大或运距较远时,应规划借土区或弃土区。

(2)计算各调配区的土方量

依据已知条件计算出各调配区的土方量,并标注在调配图上。

(3)计算各挖、填方调配区之间的平均运距

即挖方区土方重心至填方区土方重心的距离,取场地或方格网中的纵横两边为坐标轴。一般情况下,亦可用作图法近似地求出调配区的形心位置 O 以代替重心坐标。重心求出后标于图上,用比例尺量出每对调配区的平均运输距离,所有填挖方调配区之间的平均运距均需一一计算,并将计算结果列于土方平衡与运距表内。

(4)确定土方最优调配方案

使总土方运输量为最小值,即为最优调配方案。

(5)绘制土方调配表

根据以上计算标出调配方向、土方数量及运距(平均运距再加上施工机械前进、倒退和转弯必需的最短长度)。土方调配表见表 1-2-4 所列。

表 1-2-4　土方调配表(单位:m³)

挖方及进土		填方区	I	II	III	IV	弃土	总计
挖方区	体积	体积	73.6	37.5	88.5	60.5		260.1
A	50.0		6.5		43.5			
B	165.1			67.1	37.5		60.5	

（续表）

挖方及进土		填方区	Ⅰ	Ⅱ	Ⅲ	Ⅳ	弃土	总计
C	27.7				27.7			
进土	17.3				17.3			
总计	260.1							

（6）绘制土方调配图

某住宅小区广场土方量调配如图1-2-9所示，从图中可以看到各区土方盈缺情况、调拨方向、数量以及距离。

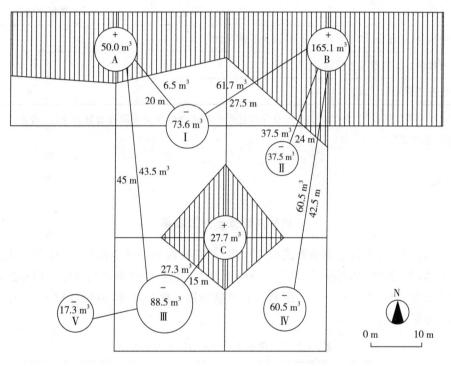

图1-2-9　某住宅小区广场土方量调配

任务完成和效果评价

学生按照既定计划按步骤完成学习和工作任务，提交学习成果（课堂笔记和作业）、工作成果及体会。任务完成的效果评价表见表1-2-5所列。

表1-2-5　任务完成效果评价表

班级：　　　　　学号：　　　　　姓名：　　　　　组别：

考核方法	从学生查阅资料完成学习任务的主动性、所学知识的掌握程度、语言表述情况等进行综合评定；在操作中对学生所做的每个步骤或项目进行量化，得出一个总分，并结合学生的参与程度、所起的作用、合作能力、团队精神、取得的成绩进行评定

（续表）

任务考核问题	极不满意	不满意	一般	满意	非常满意
	1	2	3	4	5
1. 插入法求高程					
2. 零点线的确定					
3. 土方量计算					
4. 绘制土方平衡表					
5. 绘制土方平衡图					
学生自评分：		学生互评分：		教师评价分：	
综合评价总分（自评分×0.2＋互评分×0.3＋教师评价得分×0.5）：					
学生对该教学方法的意见和建议：					
对完成任务的意见和建议：					

注：如果对项目的设置、教师在引导项目完成过程中的表现以及完成项目有好的建议，请填写"对完成任务的意见和建议"。

知识拓展

估算法计算土方工程量

在建园过程中，不管是原地形或设计地形，经常会碰到一些类似锥体、棱台等几何形体的地形单体，如类似椎体的山丘、类似棱台的池塘等。这些地形单体的体积可用相近的几何体体积公式来计算，表1-2-6中所列公式可供选用。此法简便，但精度较差，多用于规划阶段的土方量估算。

表1-2-6 用求体积公式估算土方工程量

序号	几何体名称	几何体形状	体积
1	圆锥	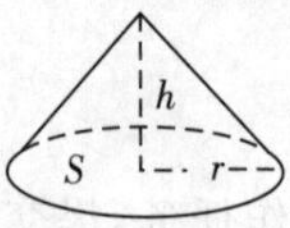	$V = 1/3\pi r^2 h$
2	圆台	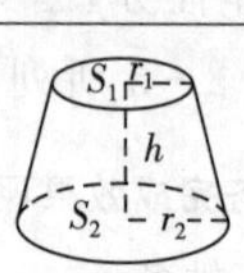	$V = 1/3\pi h(r_1^2 + r_2^2 + r_1 r_2)$
3	棱锥	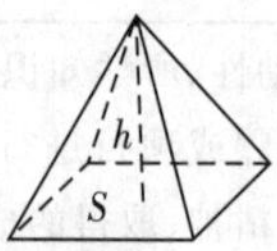	$V = 1/3 Sh$

（续表）

序号	几何体名称	几何体形状	体积
4	棱台		$V = 1/3h(S_1 + S_2 + \sqrt{S_1 S_2})$
5	球缺		$V = [\pi h(h^2 + 3r^2)]/6$

V:体积　r:半径　S:底面积　h:高　r_1, r_2:上、下底半径　S_1, S_2:上、下底面积

思考与练习

用方格网法求园林绿地的土方量。

随堂测验

1. 如果地形类似为山丘、池塘等,这些地形单体的体积可用(　　)计算。

A. 体积公式法　　B. 垂直断面法　　C. 水平断面法　　D. 模型法

2. (　　)多用于园林地形纵横坡没有规律变化地段的土方工程量的计算,如带状山体、水体沟渠、堤、路堑、路槽等。

A. 体积公式法　　B. 垂直断面法　　C. 等高面法　　D. 水平断面法

3. 用插入法公式求某点高程,如果待求点标高在低边等高线的下方,应用以下选项(　　)中的公式。

A. $H_x = H_a + L/xh$

B. $H_x = H_a - L/x$

C. $H_x = H_a + xh/L$

D. $H_x = H_a - xh/L$

4. 公式 $H_0 = (\sum h_1 + 2\sum h_2 + 3\sum h_3 + 4\sum h_4)/4N$,式中:$N$——方格数;$a$——方格边长;$h_1$——计算时使用 1 次的交点高程(m);$h_2$——计算时使用 2 次的交点高程(m);$h_3$——计算时使用 3 次交点高程(m);$h_4$——计算时使用 4 次交点高程(m)。$H_0$ 表示(　　)。

A. 原地形标高　　B. 平整标高　　C. 设计标高　　D. 施工标高

5. 水平断面法是沿水平线方向,将等高线取断面,断面面积即等高线所围合的面积,相邻断面的高即为两相邻等高线间的距离。(　　)

A. √　　　　　　　　　　　　B. ×

6. 零点就是既不挖土又不填土的点,将零点互相连接起来的线就是零点线,零点线是挖方和填方区的分界线,这是土方计算的重要依据。(　　)

A. √　　　　　　　　　　　　B. ×

<h1 style="text-align:center">任务三 土方工程施工</h1>

在园林施工中,土方工程施工是一项比较艰巨的工作,根据其使用期限和施工要求,可分为永久性和临时性两种。无论是永久性还是临时性土方工程施工,都要土体有足够的稳定性和密实度,工程质量和艺术造型都符合设计要求。土方施工按照步骤大致分为准备阶段、清理现场、定点放线和施工阶段。

学习目标

● 熟悉清理现场的注意事项。
● 掌握定点放线方法。
● 熟悉挖、运、填、压的施工要点。

任务提出

按任务一中地形竖向设计图的要求,完成竖向设计的地形实际施工。

任务分析

完成竖向设计的地形施工,首先要了解土壤的工程分类和工程性质,然后开始施工前准备工作、清理现场、定点放线,最后进行土方施工。

任务完成流程:准备工作——清理现场——定点放线——土方施工。

任务实施

步骤一 准备工作

由于土方工程施工面积和工程量大,大规模的工程应该依据施工力量和投资条件,或者全面铺开,或者分区、分期进行,因此必须进行周全细致的土方工程准备和组织工作。

1. 研究图纸

(1)了解工程规模、特点、工程量和质量的要求,检查图纸和资料是否完整,核对图纸尺寸和标高,图纸之间有无错误和冲突,掌握设计内容和技术要点。

(2)熟悉土壤工程性质、水文勘察资料,搞清构筑物与地下管线之间的关系。

(3)研究合理开挖顺序,严格控制工程施工进度。

(4)召开技术交底会议,向参加施工人员层层交底,并进行签字确认。

2. 现场踏勘

按照图纸到施工现场勘查,摸清工程场地的情况,为施工提供可靠的资料和数据。

(1)施工场地的地形、地貌、土质、水文、河流和气象条件。

(2)各种管线、地下基础、电缆基坑和防空洞的位置及相关数据。

(3)给排水、供电、通信及防洪系统的情况。

(4)植物、道路以及邻近建筑物的情况。

(5)施工范围内的地面障碍物和堆积物的状况。

3.编写施工方案

(1)确定工程指挥部成员名单,包括工程总指挥、总工程师、工程调度、各项目负责人、现场技术人员等。

(2)安排工程进度表和人员进驻表。

(3)制订场地平整、土方开挖、土方运输、土方填压方案,包括运输土方的时间、范围、顺序和运输路线。

(4)根据具体的设计图纸,确定具体的技术方案。

(5)确定堆放器具和材料的地点,规划出好土和弃土的位置,确定工棚的位置。

(6)提出施工工具、材料和劳动力数量。

(7)绘制施工总平面图。

4.修建临时设施和道路

根据施工规模、工期和施工力量的安排等修建简易的临时性的生产和生活设施,包括休息棚、工具库、材料库、油库、机具库、修理棚等,敷设现场供水、供电、供压缩空气的管线,并试水、试气和试电。

修筑施工场地的临时性道路,可结合永久性道路进行铺设,道路的坡度、转弯半径应符合安全要求,两侧做排水沟。

5.准备机具、物资和人员

做好设备的调配工作,对挖土、运输等工程机械及各种辅助设备应进行维修检查和试运行,并运到使用地点就位。准备好施工用料和工程用料,并按施工平面图要求堆放。对于采用的土方新机具、新工艺、新技术,组织力量进行研制和试验。

组织并配备工程施工所需的各项专业技术人员、管理人员和技术工人,组织安排好班次,制定较完整的技术岗位责任制和技术质量、安全、管理网络,建立技术责任制和质量保证体系。

步骤二　清理现场

1.清理现场障碍物

(1)拆除建筑物和构筑物

建筑物和构筑物的拆除,应该根据其结构特点进行工作,并严格按照《建筑施工安全技术规范》有关规定操作进行。

(2)植物的清除

不同的植物类型处理的方式不同,施工场地中的古树名木应尽量保留,必要时要修改设计方案。因为古树名木是珍贵的历史遗产,给城市和人类带来了重要的科学、文化、经济价值和生态效益。对于土方开挖深度不大于50 cm或填方高度较小的有利用价值的速生乔木、花灌木,应根据条件修建假植沟并假植,以降低工程费用。对于没有利用价值的大树树墩,除人工挖掘清理外,直径在50 cm以上的,用推土机铲除。对于排水沟中的树木和杂草,必须连根拔除。

(3)其他

施工现场的地面和地下发现有管线通过,或者有异常物体,除查看现状图外,应请相关部门协同查清,以免发生危险或造成损失。

2. 排水设施

场地积水会影响施工进度,同时也影响工程质量,在施工之前应将场地的积水或过高的地下水排走。

(1)排除地面积水

为保证地面排水通畅,根据地形特点,在其周围设置排水沟,在山地施工,为防止山洪还应该在山坡上做好截洪沟。排水沟的纵坡坡度不小于2‰,沟的边坡值为1：1.5,沟底的宽和沟深不小于50 cm,必要时要设置围堰和防水堤。

(2)排除地下水

排除地下水,经常采用明沟。一般按排水面积和地下水位的高低设计排水系统,先定出主干渠和集水井的位置,再定支渠的位置和数目。一般间距1.5 m,根据土壤含水量大小,支渠分布密度可适当调整。

3. 平整施工场地

(1)按设计或施工要求范围和标高平整场地,将土方弃到规定弃土区。

(2)凡在施工区域内,影响工程质量的软弱土层、淤泥、腐殖土、大卵石、孤石、垃圾、树根、草皮以及不宜作填土和回填土料的稻田湿土,应分情况采取全部挖除或设排水沟疏干、抛填块石、砂砾等方法进行妥善处理。

施工现场中的表土的利用价值较高,应在施工前保护好表土,表土是良好的栽植草坪、花灌木和乔木的材料,可将其运输到施工场地某一区域,待绿化栽植阶段再将表土铺回来。

步骤三　定点放线

1. 测设控制网

在施工区域设置控制网,包括控制基线、轴线和水平基准点,并做好轴线控制的测量和校核。控制桩要避开建筑物、构筑物、土方机械操作及运输线路,并有保护标志;场地平整应设10 m×10 m 或20 m×20 m的方格网,在各方格网上做控制桩,并测出各标桩的自然地形标高,作为计算挖、填土方量和施工控制的依据。对建筑物应做定位轴线的控制测量和校核,确定无误后,方可进行场地的平整和开挖。

2. 平整场地的放线

用经纬仪将图纸上的方格网测设到地面上,并在每个交点处立桩。立桩的规格和标记方法如图1-3-1所示桩木,侧面平滑,下端削尖,以便打入土中,桩木上应表示出桩号,即施工图上的方格网的标号和施工标高,"+"表示挖土,"-"表示填土。

3. 自然地形的放线

一般先在施工图上设置方格网,再把方格网测设到地面上,在设计地形等高线和方格网的交点处设桩,并一一标到地面上打桩。桩木上要标明桩号及施工标

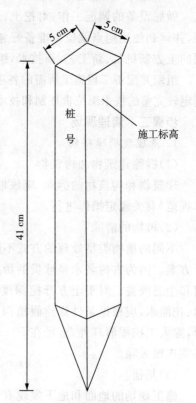

图1-3-1　立桩的规格和标记方法

高。自然地形的放线如图1-3-2所示。

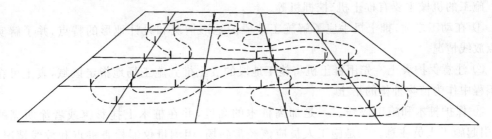

图1-3-2 自然地形的放线

4. 山体放线

山体放线有两种方法。一种是一次性立桩，适用于较低的山体，一般最高处低于5 m，由于堆山时土层不断升高，所以桩木的长度应大于每层填土的高度。一般用长竹竿做标高桩，在桩上把每层的标高定好，不同层采用不同颜色做标志，以便识别。另一种是分层放线，设置标高桩，此种方法适合标高较高的山体。

5. 水体放线

水体放线和山体放线基本相同，池底常年隐没在水下，放线应尽可能平整，不留树墩，对养鱼捕鱼有利，如果水体栽植水生植物，考虑栽植的适宜深度，岸线和岸坡的定点放线应准确，为施工精确，采用边坡样板控制边坡坡度。

6. 沟渠放线

在开沟挖槽施工时，桩木容易移动或者被破坏，实际工作中采用龙门板，形状像一个龙门，一个小的门形木架子，上面钉上表示轴线的铁钉，能起到较好的固定作用。一般每隔30～100 m设置一块龙门板，板上标识出沟渠中心线的位置、沟上口、沟底的宽度等。板上还要设置坡度板，用坡度板控制沟渠的纵向坡度。

步骤四 土方施工

土方施工根据施工场地、工程量和施工条件可采用人力施工、机械施工和半机械施工等方法，对规模较大和土方施工较集中的工程一般采用机械化施工；对于工程量不大、施工点较分散的工程或受场地限制的地段，采用人工或者半机械化施工。具体施工过程包括挖土、运土、填土和压实等四个方面的内容。

1. 土方开挖

（1）人力施工

① 施工工人每人4～6 m²的工作面。

② 开挖土方附近不得有重物和易坍塌物。

③ 挖土过程中，应随时注意观察土质情况，要有合理的边坡坡度，必须垂直开挖时，松软土不超过0.7 m，中等密度土不超过1.25 m，坚硬土不超过2 m，超过以上数值必须设置支撑板。

④ 不得在土壁下向里挖土，以防坍塌。

⑤ 在坡顶或坡上施工时，应注意坡下的情况，不得向坡下滚落重物。

⑥ 施工过程中注意保护标高桩。

（2）机械施工

施工的机械主要有推土机、挖掘机等。

① 在动工之前，推土机手应了解施工地段的地形情况和设计地形的特点，并了解实地定点放线情况。

② 注意保护表土。先用推土机将施工地段的表土推到施工场地指定区域，表土可在栽植工程中作为植物种植的培土。

③ 保护桩木和施工放线。一是加高桩木的高度，并在桩木上挂彩旗或者涂明亮的颜色，引起施工人员注意。二是施工人员应该经常到场，用测量仪器检查桩点和放线情况，以免堆错或者挖错位置。

2. 土方运输

土方调配中，按照就近原则，力求土方就地平衡以减少土方的搬运量。土方运输关键是运输路线的组织，一般采用回环式路线，避免相互交叉。运输的方式采用人工运土和机械运土。人工运土一般采用短途的小搬运，适应于园林局部或小型施工。搬运方式是用人力车拉、用手推车推或由人力肩挑等。机械运土一般用于长距离运土和工程量很大时运土。搬运的工具主要是装卸机和汽车。实际施工中，根据工程施工特点和工程量的大小等不同情况，采用半机械化与人工相结合的运土方式。运输土方车辆应设专人指挥，卸土的位置应准确。

堆土路线应以设计的山头为中心，结合来土方向进行安排，使车或人不走回头路，不交叉穿行，一般以环状线为宜。如果土源有几个来向，运土路线可根据设计地形特点安排几个小环路，小环路以人流、车流不相互干扰为原则。堆山路线组织示意图如图 1-3-3 所示。

图 1-3-3 堆山路线组织示意图

3. 土方填筑

填土应该满足工程的质量要求，土壤的质量要根据填方的用途和要求加以选择，绿化地段应满足种植植物的要求，建筑用地则以要求地基的稳定为原则。用外来土垫底堆山，严禁使用劣土及受污染的土壤，否则影响植物和游人的健康。

大面积填方应该分层填筑，一般每层 20～50 cm，填筑后，层层压实。

在斜坡上填土，防止新填的土方滑落，应先把土坡挖成台阶状，然后再填方，这样保证填方的稳定。

4. 土方压实

土方的压实分为人力压实和机械压实。人力压实可用夯、碾等工具；机械压实可用碾压机或用拖拉机带动的铁碾。小型的夯压机械有内燃夯、蛙式夯等。

为保证土壤的压实质量，土壤应该具有最佳含水率。如土壤过分干燥，需先洒水湿润后再行压实。压实过程中应注意以下几点：

(1)压实工作必须分层进行；

(2)压实工作要注意均匀；

(3)压实松土时夯压工具应先轻后重；

(4)压实工作应自边缘开始逐渐向中间收拢，否则边缘土方被外挤易引起坍落。

土方工程,施工面较宽,工程量大,施工组织工作很重要,大规模的工程应根据施工力量和条件决定,工程可全面铺开也可以分区分期进行。

施工现场要有人指挥调度,各项工作要有专人负责,以确保工程按期按计划高质量地完成。

任务完成和效果评价

学生按照既定计划按步骤完成学习和工作任务,提交学习成果(课堂笔记和作业)、工作成果及体会。任务完成效果评价表见表1-3-1所列。

表1-3-1 任务完成效果评价表

班级：　　　　学号：　　　　姓名：　　　　组别：

考核方法	从学生查阅资料完成学习任务的主动性、所学知识的掌握程度、语言表述情况等进行综合评定;在操作中对学生所做的每个步骤或项目进行量化,得出一个总分,并结合学生的参与程度、所起的作用、合作能力、团队精神、取得的成绩进行评定				
任务考核问题	极不满意	不满意	一般	满意	非常满意
	1	2	3	4	5
1. 清理现场					
2. 定点放线					
3. 土方施工(挖、运、填、压)					
学生自评分：	学生互评分：			教师评价分：	
综合评价总分(自评分×0.2+互评分×0.3+教师评价得分×0.5)：					
学生对该教学方法的意见和建议：					
对完成任务的意见和建议：					

注:如果对项目的设置、教师在引导项目完成过程中的表现以及完成项目有好的建议,请填写"对完成任务的意见和建议"。

知识拓展

土壤的工程性质

土壤是地球陆地表面上的一层疏松物质,它是由各种矿物质、有机质、水分、空气、微生物等成分组成。不同类型的土壤其工程性质不同,影响着土方工程的稳定性、施工方法、工程量和工程投资,也涉及工程设计、施工技术和施工组织安排。

1. 土壤容重

土壤容重是指单位体积内天然状况下的土壤重量,土壤坚实程度的指标。相同地质条件下,土壤容重大,土壤坚实,土壤容重小,土壤疏松。

2. 自然倾斜角(安息角)

自然倾斜角是指土壤自然堆积,经沉落稳定后的表面与地平面所形成的夹角。在地形竖向设计时,要根据土壤自然倾斜角设计边坡。

3. 土壤含水量

土壤含水量指土壤孔隙中的水重和土壤颗粒重的比值。土壤含水量在 5% 以内为干土,在 30% 以内为湿土,大于 30% 为潮土。施工中,含水量过大,土壤泥泞,含水量过小,土壤干燥,都不利于施工,施工中,应使土壤含水量处于最佳状态。

4. 土壤的相对密实度

土壤的相对密实度用来表示土壤填筑后的密实程度。为了达到工程设计要求,土壤填筑后要用人工或者机械的方式对土体进行夯压,达到土体要求的密实程度。

5. 土壤可松性

土壤可松性指土壤经挖掘后,土体变得松散而使体积增加的性质。该性质影响着土方工程量的计算、工程运输。

思考与练习

1. 根据教材中土方工程施工要点,编写某土方工程的施工组织设计,并进行课堂交流。
2. 选择一处自然山水园,用等高线表达其地形。

随堂测验

1. 在土方计算中要得到真实的虚方体积,需将算出的土方体积乘以(　　)。

A. 松散度　　　　B. 密集度系数　　　　C. 可松性系数　　　　D. 密集度

2. 为了精确方向,采用(　　)来控制边坡坡度。

A. 经纬仪　　　　B. 边坡样板　　　　C. 水准仪　　　　D. 罗盘仪

3.(多选)在编制土方工程方案时,需要得到以下哪些图形?(　　)

A. 施工总平面布置图　　　　B. 土方开挖图

C. 土方运输路线图　　　　D. 土方填筑图

4. 土方夯压时注意点有(　　)。

A. 分层堆填,分层压实　　　　B. 要用回环式道路碾压

C. 夯实工具应先轻后重　　　　D. 土壤含水量要适中

5. 挖土要有限制的边坡,须垂直下挖者,松散土不得超过(　　)米,超过以上数值必须设支撑板。

A. 0.7 m　　　　B. 1.25 m　　　　C. 2 m　　　　D. 4 m

项目二　给排水工程

园林绿地给排水工程是园林工程中重要的组成部分,也是城市给排水工程的一部分。园林绿地给排水工程包括给水工程、排水工程和喷灌工程。

任务一　给水工程设计

园林给水工程是指在园林绿地中因设置景点、生活、生产、经营活动的需要,从水源取水,经处理达到一定标准后,通过输配水管道将水送至各处使用,满足各用水点在水质、水量和水压三个方面的基本要求所设置的一系列构筑物和管道。给水工程设计通过水力计算出该绿地总的用水量,选择合适的管网和水泵,满足给水需求。

学习目标

- 了解园林给水设计常识。
- 了解园林给水管网的布置形式和要点。
- 掌握给水管网的水力计算方法。

任务提出

某公园餐厅(两层楼房)管网图如图 2-1-1 所示,设计接待能力为 1500 人次/日,引水点 A 处的自由水头为 37.3 m,用水点①的位置如图 2-1-1 所示,地面标高为 50.50 m,设计该餐厅①的用水量、引水管管径、水头损失和水压线的标高,并复核 A 点的自由水头是否满足餐厅的要求。

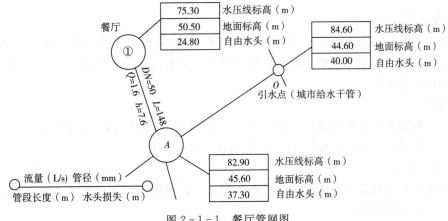

图 2-1-1　餐厅管网图

任务分析

在设计园林给水管网前,首先,要收集与设计有关的技术资料;其次,了解公园用水类型和水质标准,确定水源形式、给水方式和水源接入点;再次,通过水力计算出公园的用水总量,做出各个管网的流量分配,根据经济流速确定每个管段的管径,计算出每个管段的水头损失和各点地形的标高,算出水泵的高度和水泵的扬程;最后,根据管网布置形式及要点布置给水管网。

任务完成流程:收集资料——→园林给水设计常识——→园林给水方式和水源的接入点的确定——→水力计算——→管网布置。

任务实施

步骤一　收集资料

资料收集包括公园的平面图、竖向设计图、园内和附近地区城市给排水管网的布置资料、周围地区的给排水规划图和建设单位对园林各用水点的具体要求等,还要对园林场地踏勘和考察,尽量全面地收集与设计相关的资料。

步骤二　园林给水设计常识

1. 给水系统组成

给水系统包括取水工程、净水工程和输配水工程,如图 2-1-2 所示。

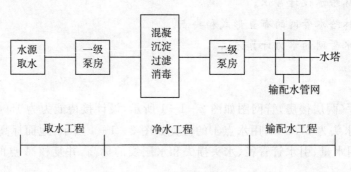

图 2-1-2　给水系统组成示意图

(1)取水工程

取水工程是指从地表(江、河、湖、海)或地下(泉、井)获得水源的工程。取水工程由取水构筑物、管道、机电设备等组成。若园林使用的水源来自城市市政管网,给水系统将省去净水工程和输配水工程。

(2)净水工程

净水工程指对天然水质进行处理(混凝、沉淀、过滤、消毒等方式)的工程,使处理后的水源满足国家生活饮用水标准和园林生产、生活用水水质标准。

(3)输配水工程

输配水工程指设置管网将水体输送到各用水点。输配水系统由加压泵站(或水塔)、输水管和配水表阀所组成。

2. 园林用水类型

(1)生活服务用水

生活服务用水指可以直接为生活(如餐厅、茶室、卫生设备等)所用的水体。生活用水的水质要求高,必须符合相应的国家水质标准。

(2)养护用水

养护用水是指动、植物及道路、广场喷洒用水等。养护用水水质标准要求不高,可以从园内、附近的地表水源地取水,也可以使用城市中水。

(3)造景用水

造景用水指设置景点用水,如瀑布、喷泉、湖池、跌水和北方冬季冰景用水。水质要求与养护用水基本相同,水体使用中可采用水泵循环用水的方式供水减少水体用量。

(4)游乐用水

游乐用水主要针对一些游乐项目,如"水上乐园""激流探险""碰碰车"滑水池、休闲性质的游泳池、戏水池等。游乐用水量大且水质要求较高。

(5)消防用水

消防用水指为了扑灭火灾的用水,水质要求与养护用水基本相同。园林古建筑、名建筑以及主要建筑物周围应按照规定设置消防栓,重要的林区应考虑相应的消防水源点。

一般情况下,园林用水根据实际情况选择取水方式,通过管道系统比较经济、可靠和安全合理地将水引至各用水点,通过表阀供给用水点。

3. 园林给水水源形式

(1)地表水

地表水指一些暴露于地面的水源,如江、河、湖、海、水库等。该水源取水方便,水量充沛。但是该水源受工业废水、生活污水和各种人为因素的影响,水质较差,该水体若作为生活用水必须经过严格的混凝、沉淀、过滤和消毒流程,达到园林各用水点的水质标准。

(2)地下水

地下水指在透水的土层和岩层中的水体,主要通过雨水和河流渗入地下而形成并得到不断补给。由于水体在底层中流动时与底层接触,该水源矿化物较多,如含有硫酸根、氯化物等有害物质,需要化学处理;硬度较大的地下水需要软化处理;对于一些经雨水渗透形成的地下水,虽然硬度不大,但受地面有机物的污染,水质较差,也需要净化处理。

(3)自来水

通过水厂的取水泵站汲取江河湖泊、地下水及地表水,由自来水厂按照国家生活饮用水相关卫生标准,经过沉淀、消毒、过滤等工艺流程的处理,最后通过配水泵站输送到各个用户,自来水可直接引入作为生活用水。

选择水源时,生活饮用水符合国家颁布的《生活饮用水卫生标准》(GB 5749—2006),其他各项园林用水要符合国家颁布的《地表水环境质量标准》(GB 3838—2002)。生活用水优先选择城市给水系统提供的水源,其次选择地下水。造景用水和栽培植物用水优先选择河流、湖泊中符合地面水环境质量标准的水体,设计时可将园林外的自然水体引入园中,构成园景。若没有引入水源的自然条件,可以采用地下水或城市市政用水。水源较缺乏地区,可将生活用水收集,经过处理后可以为苗圃和植物养护所用。地方性甲状腺肿和高氟地区,采用含碘和含氟适宜的水源。

4. 园林用水特点

(1)园林用水点分散

园林用水遍布全园和整个风景区,如生活用水虽用水量不大,但每个点上必须要有水点,都需要布置管网。

(2)园林用水点高程变化大

特别是风景区和山地公园,由于地形地貌的影响,山顶和山脚的高差大。

(3)水质可以分别处理

饮用水(沏茶用水)的水质要求较高,以水质好的山泉较佳。养护用水可采用无污染的地表水、地下水和中水。

(4)用水高峰可以错开

生活用水主要集中在中午和下午,养护用水主要集中在早上或晚上。生活用水少,其他用水多。

(5)对景观设施要求进行遮盖和美化处理

园林中工程构筑物除满足结构要求外,还要在形式上与园林意境相一致,如管道设施要埋地隐藏。

步骤三 园林给水方式和确定水源的接入点

1. 园林给水方式

(1)引用式

园林给水系统直接与城市市政用水管网相连接。

(2)自给式

在郊区的园林中没有直接取用城市的给水水源条件,可考虑就近取用地下水或地表水。

(3)兼用式

兼用式是指园林用水时根据水质标准不同,可以将引用式和自给式相结合的一种方式。园林生活和游泳用水等水质要求较高的水体采用市政用水,对于园林生产和造景用水可以采用地下水或者地表水。此种方式投入工程费用较多,但用水费用大大降低。

根据公园的情况,餐厅用水的水质要求较高,采用市政给水。其给水方式采用引用式,即将园林给水系统直接与城市市政用水管网相连接。

2. 确定水源的接入点

根据该公园的平面图,北边有方便的市政水管接口。

步骤四 水力计算

给水管网水力计算目的是将最高时用水量作为设计用水量,求出各管段的直径和水头损失,确定城市给水管网的水压是否满足公园用水要求。若公园采用自给方式供水,则须确定水泵所需扬程和水塔的高度,保证各用水点足够的水量和水压。

1. 将水量换算成流量

某用水点最高日用水量:

$$Q_d = N \times q$$

式中:q——最高日用水量标准(升/人·日等);

　　N——建筑物用水单位数(人、次、席位等)。

该用水点最高时用水量:

$$Q_h = (Q_d / T) K_h$$

式中:T——每日时间(24 h);

　　K_h——时变化系数(公园中取 4~6)。

设计秒流量:$q_0 = Q_h / 3600 (\text{L/s})$。

该题中,查园林用水量标准和小时变化系数表得知,每一个顾客每次消费 $q_d = 15$ 升/人·日,$K_h = 6$,$N = 1500$ 人次/日,则

$$Q_d = N q_d = 1500 \times 15 = 22500 (\text{L/d})$$

$$Q_h = (Q_d / T) K_h = (22500/24) \times 6 = 5625 (\text{L/h})$$

$$q_0 = Q_h / 3600 = 5625/3600 = 1.56 (\text{L/s})$$

2. 管径选择

由 q_0(设计秒流量)及合适的 V(经济流速),按公式 $q = \dfrac{\pi d^2}{4}$ 求出管径 D,一般查水力计算表(如表 2-1-1),选出最适宜的管径。在水力计算表中,"Q"代表流量,"V"代表流速,"i"代表水力坡降,即水流过每米管时产生的压力降,$1000\,i$ 表示水流过 1000 米管长时产生的压力降。

水点①A 管段的管径:

已知 $q_0 = 1.56$ L/s,取 $q_0 = 1.6$ L/s 为设计流量,查铸铁管水力计算表 2-1-1,得 $D = 50$ mm,$V = 0.85$ m/s,$1000i = 40.9$ m。

3. 水头计算

某点所需水头:

$$H = H_1 + H_2 + H_3 + H_4$$

H_1——引水点与用水点间的地面高程差(m);

H_2——"计算配水点"与建筑进水管的标高差(m);

H_3——"计算配水点"所需流出水头(1.5~2.0 m);

H_4——水头损失($H_4 = $ 沿程水头损失 $H_y + $ 局部水头损失 H_j);

$H_2 + H_3$ 取值:一层,10 m 水柱;二层,12 m 水柱;三层,16 m 水柱。

$$H_4 = H_y + H_j$$

$$H_y = i \times L$$

式中:H_y——沿程水头损失;

　　i——单位长度水头损失值,可查表;

　　L——管段长度(m);

　　H_j——局部水头损失。

一般情况不需要计算,局部水头损失是沿程水头损失的百分比,其中生活管网为25%～30%,生产用水管网为20%,消防用水管网为10%。

BA 管段的水头损失:

$$H_4 = (40.9/1000) \times 148 \times (100\% + 25\%) = 7.6 (\text{m})$$

水点所需的总水头:

$$H = H_1 + H_2 + H_3 + H_4$$

已知 A 点地面标高为 45.60 m,1 点为 50.50 m,则

$$H_1 = 50.5 - 45.6 = 4.9 (\text{m})$$

$H_2 + H_3$ 按二层楼房取值:

$$H_2 + H_3 = 12 (\text{m})$$

$$H_4 = 7.6 (\text{m})$$

所以,$H = H_1 + H_2 + H_3 + H_4 = 4.9 + 12 + 7.6 = 24.5 (\text{m})$。

各点水压线标高=地面标高+自由水头;

次点水压线标高=前点水压线标高-两点间管内水头损失。

① 点水压线标高 h = A 点水压线标高-引水管 A-1 的水头损失,则

$$H = 82.90 - 7.60 = 75.30 (\text{m})$$

推算出①点的水压线标高为 75.3 m,则配水点 1 自由水头=该点水压线标高-该点地面标高之差,即 75.30-50.5=24.80 m,大于该点所需水头 24.5 m,故满足餐厅用水压力要求。

表 2-1-1 铸铁管水力计算表(节选)

流量 Q	管径 DN(mm)											
	50		75		100		125		150		200	
	流速 V (m·s⁻¹)	1000i	流速 V (m·s⁻¹)	1000i	流速 V (m·s⁻¹)	1000i	流速 V (m·s⁻¹)	1000i	流速 V (m·s⁻¹)	1000i	流速 V (m·s⁻¹)	1000i
0.50	0.26	4.99										
0.70	0.37	9.09										
1	0.53	17.3	0.23	2.31								
1.3	0.69	27.9	0.30	3.69								
1.6	0.85	40.9	0.37	5.34	0.21	1.31						
2.0	1.06	61.9	0.46	7.98	0.26	1.94						
2.3	1.22	80.3	0.53	10.3	0.30	2.48						
2.5	1.33	94.9	0.58	11.9	0.32	2.88	0.21	0.966				
2.8	1.48	119	0.65	14.7	0.36	3.52	0.23	1.18				

(续表)

流量Q	管径 DN(mm)											
	50		75		100		125		150		200	
	流速V (m·s⁻¹)	1000i	流速V (m·s⁻¹)	1000i	流速V (m·s⁻¹)	1000i	流速V (m·s⁻¹)	1000i	流速V (m·s⁻¹)	1000i	流速V (m·s⁻¹)	1000i
3.0	1.59	137	0.70	16.7	0.39	3.98	0.25	1.33				
3.3	1.75	165	0.77	19.9	0.43	4.73	0.27	1.57				
3.5	1.86	186	0.81	22.2	0.45	5.26	0.29	1.75	0.20	0.72		
3.8	2.02	219	0.88	25.8	0.49	6.10	0.315	2.03	0.22	0.83		
4.0	2.12	243	0.93	28.4	0.52	6.69	0.33	2.22	0.23	0.91		
4.3	2.28	281	1.00	32.5	0.56	7.63	0.36	2.53	0.25	1.04		
4.5	2.39	308	1.05	35.3	0.58	8.29	0.37	2.74	0.26	1.12		
4.8	2.55	350	1.12	39.8	0.62	9.33	0.40	3.07	0.275	1.26		
5.0	2.65	380	1.16	43.0	0.65	10.0	0.414	3.31	0.286	1.35		
5.3	2.81	427	1.23	48.0	0.69	11.2	0.44	3.68	0.304	1.50		
5.5	2.92	459	1.28	51.7	0.72	12.0	0.455	3.92	0.315	1.60		
5.7	3.02	493	1.33	55.3	0.74	12.7	0.47	4.19	0.33	1.71		
6.0			1.39	61.5	0.78	14.0	0.50	4.60	0.344	1.87		
6.3			1.46	67.8	0.82	15.3	0.52	5.03	0.36	2.08		
6.7			1.56	76.7	0.87	17.2	0.555	5.62	0.384	2.28		
7.0			1.63	83.7	0.91	18.6	0.58	6.09	0.40	2.46		
7.4					0.96	20.7	0.61	6.74	0.424	2.72	0.238	0.668
7.7					1.00	22.2	0.64	7.25	0.44	2.93	0.248	0.718
8.0					1.04	23.9	0.66	7.75	0.46	3.14	0.257	0.765
8.8					1.14	28.5	0.73	9.25	0.505	3.73	0.283	0.908
10.0					1.30	36.0	0.83	11.7	0.57	4.46	0.32	1.13
12.0							0.99	16.4	0.69	6.55	0.39	1.58
15.0							1.24	24.9	0.86	9.88	0.48	2.35
20.0							1.66	44.3	1.15	16.90	0.64	3.97

步骤五 管网布置

1.给水管网基本布置形式

(1)树枝状管网

树枝状管网的干管和支管布置犹如树枝,到树梢越来越细。其优点是管线总长度较短,节约管材;缺点是安全性低,后期用水运营费用较大。适用于用水量小、用水点分散的情况。如图2-1-3(a)所示。

（2）环状管网

环状管网的干管和支管布置闭合成环状，使管网供水互相调剂。其优点是安全性高，后期用水运营费用较小；缺点是管线总长度较长，建设期投资较大。适用于供水连续性较高的地区。如图 2-1-3(b) 所示。

（3）混合管网

混合管网系统中既有树枝状管网又有环状管网。如图 2-1-3(c) 所示。

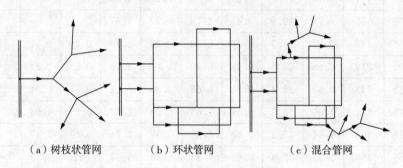

（a）树枝状管网　　　（b）环状管网　　　（c）混合管网

图 2-1-3　给水管网基本布置形式

根据公园的特点，公园管网采用树枝状管网布置形式，主干管线路为 $O-A-B-C-D-5$，其余线路为支干管。公园管网布置如图 2-1-4 所示。

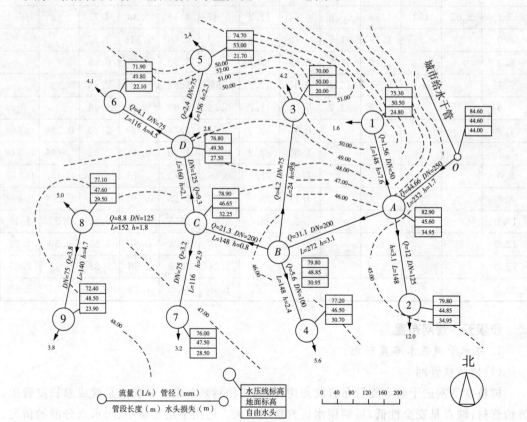

图 2-1-4　公园管网布置图

2. 管网布置要点

(1)按照总体规划布局的要求布置管网,并且需要考虑分步建设。

(2)干管布置方向应按供水主要流向延伸,而供水流向取决于最大的用水点和用水调节设施(如高位水池和水塔)位置,即管网中干管输水距它们最近。

(3)管网布置必须保证供水安全可靠,干管一般按主要道路布置,宜布置成环状,但应尽量避免布置在园路和铺装场地下。

(4)力求以最短距离敷设管线,以降低管网造价和供水能量费用。

(5)在保证管线安全不受破坏的情况下,干管宜随地形敷设,避开复杂地形和难于施工的地段,减少土方工程量。在地形高差较大时,可考虑分压供水或局部加压,不仅能节约能量,还可以避免地形较低处的管网承受较高压力。

(6)为保证消火栓处有足够的水压和水量,应将消火栓与干管相连接,应先考虑在主要建筑布置消火栓。

(7)要考虑与其他管线的水平距离。

(8)冰冻区管线的埋深为冰冻线以下 40 cm,无冰冻区埋设深度一般 70 cm。

(9)500 m 左右设一处阀门井,120 m 左右设一处消防栓,与道路相距不大于 2 m。

3. 汇总结果

根据以上步骤求出全园各用水点的用水量、所需的水压、各管段的管径及水头损失。表 2-1-2 的各项数值可根据计算流量查表取得。

表 2-1-2　干管水力计算表

管段编号	长度(m)	流量(L/s)	管径(mm)	流速(m/s)	$1000i$	水头损失(mH₂O)
$O-A$	232	44.66	250	0.92	5.79	1.7
$A-B$	272	31.10	200	1.01	9.19	3.1
$B-C$	148	21.30	200	0.69	4.53	0.8
$C-D$	160	9.30	125	0.79	10.6	2.1
$D-5$	156	2.40	75	0.58	11.90	2.3

完成上述计算后,还应计算干管上各节点的水压线标高,并对整个管网的水压要求进行复核。首先核算最不利点(如本实例的点5)的水压,并将求得的各项数值填入管线图,如图 2-1-4 所示。

任务完成和效果评价

学生按照既定计划按步骤完成学习和工作任务,提交学习成果(课堂笔记和作业)、工作成果及体会。

任务完成效果评价表

班级:　　　　学号:　　　　姓名:　　　　组别:

考核方法	从学生查阅资料完成学习任务的主动性、所学知识的掌握程度、语言表述情况等方面进行综合评定;在操作中对学生所做的每个步骤或项目进行量化,得出一个总分,并结合学生的参与程度、所起的作用、合作能力、团队精神、取得的成绩进行评定

（续表）

任务考核问题	极不满意	不满意	一般	满意	非常满意
	1	2	3	4	5
1. 给水水力计算					
2. 绘制给水管网布置图					
3. 给水管网铺设					
学生自评分：		学生互评分：		教师评价分：	
综合评价总分（自评分×0.2＋互评分×0.3＋教师评价得分×0.5）：					
学生对该教学方法的意见和建议：					
对完成任务的意见和建议：					

注：如果对项目的设置、教师在引导项目完成过程中的表现以及完成项目有好的建议，请填写"对完成任务的意见和建议"。

知识拓展

什么是经济流速？

所谓经济流速，指的是使整个给水系统的成本降至最低时的流速，即管网造价和一定年限内的经营管理费用最低。

流量 Q：单位时间内流过管道某一截面的水量。

流速 V：单位时间内水流所通过的距离。

过水断面 A：垂直于水流方向上，水流所通过的断面。

关系：$Q=VA$。

由此可知：Q 一定时，A 降低，V 提高；A 提高，V 降低。

所以在选择管材料大小时，选小的管材，则经济流速增加，水头损失亦大，动力投资大，但管材投资小。选大的管材，则经济流速降低，水头损失小，动力投资小，但管材投资大。

思考与练习

1. 选择学校中的一块绿地，先进行方案设计，再对其进行给水工程设计。

2. 调查和分析学校的给水系统，以小组为单位汇报。

随堂测验

1. 室外消防栓沿道路设置，为便于消防与补给水，消防栓距路边不应超过（   ）m。

A. 2   B. 5   C. 8   D. 10

2. 城市排水系统包括（   ）等内容。

A. 取水系统   B. 排水管道系统   C. 废水处理系统   D. 废水排放系统

3. 园林水源主要有（   ）。

A. 市政自来水   B. 地表水   C. 地下水   D. 中水

4.《地表水环境质量标准》(GB 3838—2002)将水质划分为五类,( )适用于各种水景要求。

A. Ⅰ类主要适用于源头水、国家自然保护区

B. Ⅱ类主要适用于集中式生活饮用水地表水源地一级保护区、珍稀水生生物栖息地、鱼虾类产卵场、仔稚幼鱼的索饵场等

C. Ⅲ类主要适用于集中式生活饮用水地表水源地二级保护区、鱼虾类越冬场、洄游河道、水产养殖区等渔业水域及游泳区

D. Ⅳ类主要适用于一般工业用水区及人体非直接接触的娱乐用水区

5. 给水管网水力计算目的是最高日、最高时用水量条件下,确定各管段的( )。

A. 设计流量　　　B. 管径　　　　　C. 管网所需水压　　D. 长度

6. 各压力单位之间的换算关系为:0.1 MPa＝( )。

A. 100 kPa　　　　B. 1 kg/cm²　　　　C. 1000 kPa　　　　D. 10 米水柱

7. 中水指污水经适当再生工艺处理后具有一定使用功能的水,可用于灌溉、水景、冲厕等非饮用用途。( )

A. √　　　　　　　　　　　　B. ×

8. 消防用水是备用水源,对水质无特殊要求,允许使用一定污染的水。( )

A. √　　　　　　　　　　　　B. ×

9. 树枝状管网从水源到各用水点只有一个流向,因此任一管段的流量等于该管段以后所有节点流量的总和,该流量即可作为管段的计算流量。( )

A. √　　　　　　　　　　　　B. ×

10. 在一定年限内(一般为投资偿还期),使管网造价和经营管理费之和最小的流转,称为经济流转,以此次来确定的管径称为经济管径。( )

A. √　　　　　　　　　　　　B. ×

任务二 排水工程设计

园林排水是指将园林中雨水、废水和污水收集起来并输送到适当地点排除，或经过处理之后再重复利用和排除掉。若风景区远离城市，则需要自设污水处理场所及设施，以便保持风景区洁净环境。

学习目标

- 了解园林排水设计常识。
- 熟悉防止地表径流冲刷地面的措施。
- 熟悉地面排水、明沟排水、管道排水、盲沟排水的要求。

任务提出

在任务一中，我们已对该社区公园进行了给水工程设计和施工，现在对该公园做排水工程设计。

任务分析

园林排水工程是将收集的园林污水用沟渠排入城市排水系统中去；使雨水通过地表径流、辅助沟渠，排入公园水体或者城市排水系统中；在远郊风景区中，设置污水处理设施，保持风景区的洁净。在设计园林排水工程前，首先，要收集与设计有关的技术资料；其次，根据公园用水现状，确定该公园的排水类型和排水方式；最后，了解园林的排水措施，设计时要保证排水工程设计的科学性和安全性。

任务完成流程：收集资料──→园林排水设计常识──→园林排水方式──→园林排水的技术措施。

任务实施

步骤一 收集资料

资料收集包括公园的平面图、竖向设计图、园内和附近地区城市给排水管网的布置资料、周围地区的给排水规划图及建设单位对园林各用水点的具体要求，还要对园林场地进行踏勘和考察，尽量收集与设计相关的全部资料。

步骤二 园林排水设计常识

1. 园林排水种类

园林污水按照来源和性质分为生活污水、废水和天然降水。

（1）生活污水

生活污水指从园林办公楼、餐厅、茶座、厕所等处排出的水，该水体中含有较多有机物和病原微生物等污染物质，在收集后需经过处理才能排入水体，让其灌溉农田、绿地等。

（2）废水

废水是指在工业生产过程中所产生的废水。根据污染程度的不同,工业废水又分为生产废水和生产污水。该水体具有一定的危害,需要用专门管道收集,经过污水处理厂处理达到标准才能排放,园林中这类废水不多。园林中的废水主要是水景工程中产生的废水,此类废水根据污染情况排除。

（3）天然降水

天然降水即降雨,一般比较清洁,时间集中,径流量大,初期降雨的雨水径流会携带着大气中、地面和屋面上的各种污染物质,污染程度相对严重,应予以控制。降雨时如果是暴雨,若不及时排泄,会造成灾害。通常,雨水不需处理,可直接就近排入水体。

园林中排除的水主要是生活污水和天然降水,如果不及时排除将影响环境卫生、污染水体、造成场地积水,从而影响植物的生长。

2. 园林排水特点

（1）园林中地形起伏多变,适宜利用地形排水

园林绿地中既有平地,又有坡地和山地,地面坡度大,有利于组织地面排水,利用低地汇集雨水到一处,便于集中排除和净化。利用地形和排水明沟直接排到园林水体中,则可以减少园林地下管网的系统。

（2）园林排水管网较集中

排水管网主要集中布置在人流活动频繁、建筑物密集、综合功能较强的区域,如餐厅、茶室、游乐场、游泳池、喷泉区等,而在林地区、苗圃地、草地区和假山区等功能单一而面积又较大的区域,多采用明渠排水,不设地下排水管网。

（3）园林排水成分中,污水少,雨水多

园林绿地植被丰富,吸收能力强,雨水以地面排除为主,沟渠和管道排除为辅,并可就近排入园中湖泊河流中。污水的排放量只占园林总排水量的很少的一部分,而大部分是污染程度很轻的雨雪水体和各处水体排放的生产废水和游乐废水,这些水体常常不需处理直接排放,或者做简单处理后排除或再重新利用。

（4）设施要将功能和美观结合

园林的排水方式可以采用多种形式,在地面上的形式尽量将功能和造景结合。

（5）部分污水处理设施自给解决

对于远郊的风景区,可以考虑在园中建造小型水处理构筑物或水处理设备,节约运营成本。

3. 园林排水体制

排水体制,又称排水制度,指对生活污水、工业废水和天然降水所采用不同的排除方式所形成的排水系统,排水体制分为合流制和分流制两类。园林排水体制主要以不完全分流制为主,污水采用管道排放,雨水以地形排除为主,局部辅以管道。

步骤三　园林排水方式

园林排水特点决定园林排水方式,以地面排水方式为主,沟、渠和管道辅助排水。

1. 地面排水

地面排水是公园排除雨水的一种重要方法,它是利用地面坡度使雨水汇集,再通过沟、

谷、涧、山道等加以组织引导,就近排入附近的水体或城市排水管道。主要通过拦、蓄、分、导方式排除雨水。

拦:阻拦地表水,减少地表径流对园林建筑的影响。

蓄:利用绿地,设计景观,收集雨水。

分:利用山石、地形、建筑墙体将地表径流的水体进行分流,减少冲刷势能。

导:将多余的地表水或者造成危害的地表径流通过地表、明沟、管渠导入就近的河流或者城市的管道中。

2. 明沟排水

明沟主要指土质明沟,沟内可种植花草,可任其生长杂草,也可砌筑砖、石或混凝土。

明沟的断面形式常采用梯形或矩形。常见明沟形式如图2-2-1所示。

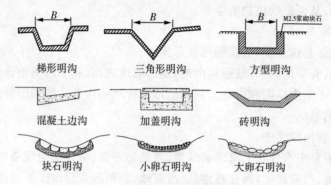

图2-2-1 常见明沟形式

3. 盲沟排水

盲沟又称盲渠、暗沟,它是地下排水渠道,主要排除地下水,降低地下水位。适用于要求排水良好的体育活动场地、地下水位高的地区以及某些不耐水的园林植物生产区等。

(1)盲沟排水特点。保持了园林绿地草坪及其场地的完整性,地面不留痕迹,取材方便,造价低廉,不用布置检查井、雨水井等构筑物设施。

(2)布置形式。盲沟的布置形式取决于地形及地下水的方向,如图2-2-2所示。常见的盲沟形式有自然式、截流式、鱼骨式以及耙式等。自然式(树枝式)适用于周边高、中间低的地形,截流式适用于一侧高的园林地形,鱼骨式适用于谷底或者低洼积水较多处,耙式适用于一面坡的地形,平面式适用于高地下水位体育场。

(3)盲沟的埋深和间距。盲沟的埋深取决于植物对地下水位的要求、土壤质地、冰冻深度及地面荷载的情况等因素,通常为1.2~1.7 m;支管间距主要取决于土壤种类、排水量和排水速度,一般为8~24 m,对排水要求高的场地,应多设支管。

(4)盲沟纵坡坡度。沟底的纵坡坡度一般不得小于0.5%,只要条件允许,纵坡的坡度可以稍微大些,利于地下水的排除。

盲沟的构造形式有很多种,现举一些类型供参考,如图2-2-3所示。

4. 管道排水

园林中的某些局部,在不方便设置明沟排水时,可以采用敷设专用管道方式排水,主要适用于排除园林生活污水、低洼地雨水或公园中没有自然水体时的雨水。

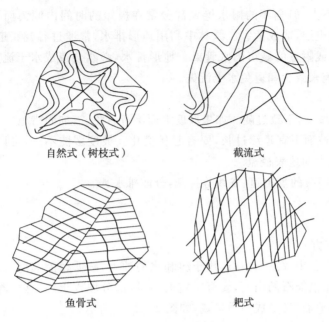

图 2-2-2 盲沟的布置形式

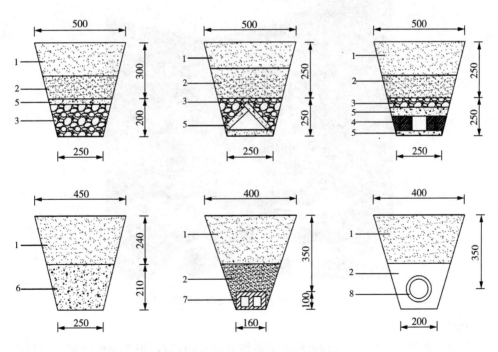

图 2-2-3 盲沟的几种构造形式

1—土；2—砂；3—石块；4—砖块；5—预制混凝土盖板；6—碎石及砖块；7—砖块干叠排水管；8—陶管

步骤四　园林排水的技术措施

1. 防止地表径流冲刷地面的措施

地表径流是指土壤地被物吸收、填充洼地及蒸发后余下的在地表面流动的那部分降水。

地表径流的总量不大,但全年的雨水绝大部分常在极短的时间内倾泻而下,形成较大的流速,从而冲蚀地表土层,造成危害。园林中利用地形排水,常通过谷、洞、道路对雨水加以组织,就近排入水体或附近的城市雨水管渠。地形排水,必然会造成水土流失,我们应通过竖向设计和工程措施来减少和避免水土流失。

(1)竖向设计

① 控制地面坡度,不致过陡。如果坡度大而不可避免,需加固措施。

② 同一坡度坡面不宜延续过长,要有起伏变化。坡度缓陡不一,可以避免地表水一下子冲刷到底,造成大的地表径流。

③ 利用顺等高线的盘山道、谷线等拦截,分散排水。

④ 植物护坡。

(2)工程措施

① 消能石(谷方)

消能石是指山谷中散点的山石,用于缓和水的冲力,减低径流速度,从而减少水流对山谷表土的冲刷。做消能石的山石,要有一定的体量,部分埋入土中,这样既可防止水把山石冲走,使岩石露出地面,又形成一道景观,如图 2-2-4 所示。

图 2-2-4 消能石立面效果图

② 挡水石

当利用山道的边沟排水时,在道路旁或陡坡处设立挡水石,用于降低流速。这种点石与植物及曲线道路相结合,可形成很好的小景,如图 2-2-5 所示。

③ 护土筋

在山路边沟坡度较大或同一坡度过长的地段,为减少水流对边沟的冲刷以及降低地表径流的流速,往往在边沟中设置护土筋,即可于沟中每隔一定距离(10~20 m)设置3~4道小挡水墙,与道路中线成75°左右布置,露出地面3~5 cm,似鱼骨头排列于道路两侧边沟中。

在山道边沟排水中,可用砖仄铺或用其他块料埋置,减少水土冲刷,如图2-2-6所示。

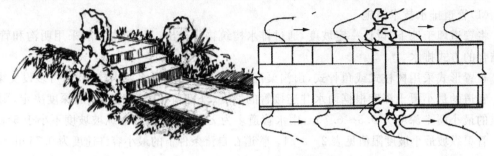

图2-2-5 道路旁挡水石

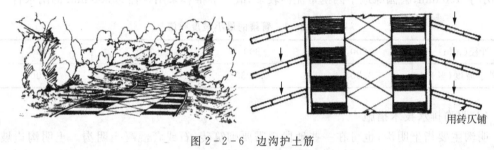

用砖仄铺

图2-2-6 边沟护土筋

④ 出水口处理

出水口处理可以做成水簸箕,上可设置栏栅、礓磋、消力阶、消力块等,也可以考虑埋管处理,如图2-2-7所示。

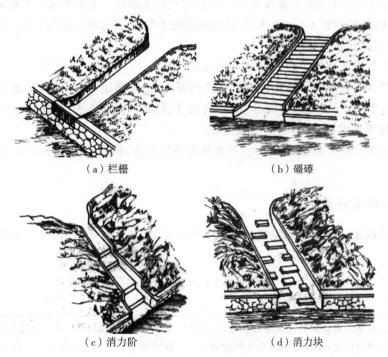

（a）栏栅　　　　　　　　（b）礓磋

（c）消力阶　　　　　　　（d）消力块

图2-2-7 出水口的处理

2. 雨水管渠排水技术措施

(1)管道排水技术措施

将管道埋于地下,设计一定坡度,通过排水构筑物等排出。公园中一般采用明沟和管道相结合的方式排水。

布置形式采用树枝式或鱼骨式,由沟渠汇于干渠排出,对排水要求较高的,可多设支渠。

管道的最小覆土深度根据雨水井连接管的坡度、外部荷载情况和冰冻的深度决定,雨水管道的最小覆土深度为 0.5~0.7 m;雨水管道多为无压自流管,管道纵坡坡度不小于 5%。

管渠纵坡最小坡度限值见表 2-2-1。管道在自流条件下的最小容许速度为 0.75 m/s;为增强管道的使用年限,金属管道的最大设计流速为 10 m/s,非金属管道为 5 m/s;雨水管管径一般不小于 150 mm,公园绿地中因携带泥沙较多,故一般推荐采用管径为 300 mm 的雨水管。

表 2-2-1　管渠的最小坡度限值

管径(mm)	200	300	350	400
最小坡度(%)	0.004	0.0033	0.003	0.002

(2)明沟排水技术措施

明沟主要指土明沟,也可在一些地段视需要砌筑砖、石或者混凝土明沟。土明沟边坡主要视土质情况而定,通常采用梯形断面。

梯形断面的最小底宽不应小于 30 cm,沟中水面与沟顶的高度不小于 20 cm。

明沟最小允许纵坡坡度为 1‰~2‰,土质明沟最大纵坡坡度小于 8%,一般情况下,水沟下游纵坡坡度以不小于上游纵坡坡度 2% 为宜,以免产生淤泥。土质明沟为了避免沟底杂草丛生,设计纵坡坡度不小于 0.4 m/s 为宜,砖砌或混凝土明沟,其边坡一般为 1:0.75~1:1。

(3)盲沟排水技术措施

盲沟的布置形式取决于地形及地下水的流动方向。

盲沟的埋深主要取决于植物对地下水位的要求、土壤质地、冰冻深度及地面荷载情况等因素,常为 1.2~1.7 m;支管间距主要取决于土壤种类、排水量和排水速度,一般为 8~24 m,对排水要求高的用地,应多设支管。

沟底的纵坡坡度不得小于 0.5%,只要地形条件允许,纵坡坡度可以适当大些,利于地下水的排除。

任务完成和效果评价

学生按照既定计划按步骤完成学习和工作任务,提交学习成果(课堂笔记和作业)、工作成果及体会。

任务完成效果评价表

班级:　　　　　　学号:　　　　　　　姓名:　　　　　　　组别:

考核方法	从学生查阅资料完成学习任务的主动性、所学知识的掌握程度、语言表述情况等方面进行综合评定;在操作中对学生所做的每个步骤或项目进行量化,得出一个总分,并结合学生的参与程度、所起的作用、合作能力、团队精神、取得的成绩进行评定

（续表）

任务考核问题	极不满意	不满意	一般	满意	非常满意
	1	2	3	4	5
1. 排水方式选择					
2. 园林排水技术措施					
学生自评分：	学生互评分：			教师评价分：	
综合评价总分（自评分×0.2＋互评分×0.3＋教师评价得分×0.5）：					
学生对该教学方法的意见和建议：					
对完成任务的意见和建议：					

注：如果对项目的设置、教师在引导项目完成过程中的表现以及完成项目有好的建议，请填写"对完成任务的意见和建议"。

知识拓展

常见的排水管材和附属构筑物设施有哪些？

排水管渠主要有管道和沟渠。管道是由预制管网铺设而成，沟渠是指用土建材料在工程现场砌筑成的口径较大的构筑物设施。常见的排水管材有混凝土管和钢筋混凝土管、陶土管、塑料管、金属管。

在雨水排水管网中常见的附属构筑物有检查井、跌水井、雨水口和出水口等。

检查井：检查井的功能是便于管道维护人员检查和清理管道，另外，还有管段的连接作用。检查井通常设置在管道方向坡度和管径改变的地方。井与井之间的最大间距在管径小于 500 mm 时为 50 m。为了检查和清理的方便，相邻检查井之间的管段应在一条直线上。检查井主要由井基、井底、井身、井盖座和井盖组成。

跌水井：跌水井是设有消能的检查井。在地形较陡处，为了保证管道有足够覆土深度，管道有时需跌落若干高度。在这种跌落处设置的检查井便是跌水井。常用的跌水井有竖管式和溢流堰式两种类型。但在实际工作中如上、下游管底标高落差不大于 1 m 时，只需将检查井底部做成斜坡水管衔接两端排水管，不必采用专门的跌水措施。

雨水口：雨水口通常设置在道路边沟或地势低洼处，是雨水排水管道收集地面径流的孔道。雨水口设置的间距，在直线上一般控制在 30～80 m，它与干管常用 200 mm 的连接管连接，其长度不得超过 25 m。

出水口：出水口是排水管渠排入水体的构筑物，其形式和位置视水位、水流方向而定，灌渠出水口不要淹没于水中。最好令其露在水面上。为了保护河岸、池壁及固定出水口的位置，通常在出水口和河道连接部分做护坡或挡土墙。

园林中的雨水口、检查井和出水口，其外观应该作为园林的一部分来考虑。有的在雨水井盖或检查井盖上塑出各种美丽的图案花纹；有的则采用园林艺术手法，以山石、植物等材料加以点缀。这些做法在园林中已很普遍，效果很好，但是不管采用什么方法进行点缀或伪装，都应以不妨碍这些排水构筑物的功能为前提。

思考与练习

1. 选择学校中的一块绿地,先进行方案设计,再对其进行排水工程设计。

2. 调查和分析学校的排水系统,以小组为单位进行汇报。

随堂测验

1. 用于排除地下水、降低地下水位的地下排水渠道是(   )。

A. 排水盲沟   B. 排水暗渠   C. 截水沟   D. 排洪沟

2. 当园林地形高低差别很大时,排水管网的布置形式可采用(   )。

A. 分区式   B. 分散式   C. 截流式   D. 环绕式

3. 关于园林排水特点正确的是(   )。

A. 尽量利用地下管网   B. 排水管网的布置比较集中

C. 雨水管少,污水管多   D. 园林的排水不宜重复使用

4. 一般的雨水管的最小直径为(   )mm。

A.200   B.300   C.350   D.400

5. 在地势向河流湖泊方向有较大倾斜的园林中,排水管网的布置形式可采用(   )。

A. 正交式   B. 辐射式   C. 截流式   D. 平行式

6. 道路上雨水口的一般间距为(   )。

A.20~30 m   B.20~50 m   C.40~50 m   D.50 m 以上

7. 利用排水设施排水,主要是排除生活污水、生产废水、游乐废水和集中的雨雪水,称为(   )排水。

A. 地表   B. 盲沟   C. 管道   D. 合流制排水

8. 连接管是雨水口与检查井之间的连接管段,长度一般不超过(   )m。

A.10   B.25   C.50   D.100

9. 下面不属于雨水管道系统组成的是(   )。

A. 连接管   B. 挡水石   C. 检查井   D. 干管

10. 两套排水管网系统虽然是一同布置,但互不相连,雨水和污水在不同的管网中流动和排除,即雨、污分流的是合流制排水。这种说法是(   )

A. √   B. ×

任务三 给排水工程施工

园林给水工程的施工包括各种构筑物的建造、机电设备的安装、管网的铺设、用水设备器具的安装等工作。由于给水构筑物的建造和机电设备的安装技术性特殊,因此本任务对其不做讨论。给水工程中管网的铺设量较大,因此本任务将对其进行重点介绍。

园林排水工程的施工内容包括按设计要求构筑地面的坡向和坡度、沟渠的砌筑、消力减速的工程设施的修建、排水管网的铺设、污水处理设施的建造、室内排水管与洁具的安装等。

学习目标

● 了解园林给排水管网铺设施工技术。

任务提出

某公园按业主要求设计出给排水施工图,室外给水系统采用聚乙烯塑料 PPR 管,管径 DN25~DN75,主管埋没深度平均为 1 m。排水系统采用雨污分流制,雨水管埋深 1~5 m,采用 II 级混凝土承插管,管径 DN400~DN600;污水管埋深 1.5~3 m,采用 II 级混凝土承插管,管径 DN300~DN400。

任务分析

一、给水管网铺设

任务完成流程如下:

安装准备——清扫管腔——管材、管件、阀门、消火栓等就位——管道安装——水压试验——给水管道冲洗消毒——管道回填。

二、排水管网铺设

任务完成流程如下:

安装准备——测量放线——基坑开挖及支护——基底处理、坑底夯实——浇筑混凝土平基、养护——下管、安管——浇筑管座混凝土——抹带接口、养护——闭水试验(污水管道)——基坑回填。

任务实施

一、给水管网铺设

步骤一 安装准备

1. 熟悉图纸

熟悉管线的平面布局、管段的节点位置、不同管段的管径、管底的标高、阀门井和其他设施的位置等。

2. 清理现场

清除施工现场中有碍管线施工的设施和建筑垃圾等。

3. 施工定点放线

根据管线的平面布局,利用相对坐标和参照物,把管段的节点放在场地上,连接邻近的节点即可,如果是曲线可找出其相关的参数或方格网防线。

4. 沟槽开挖

首先按施工图要求测出管道的坐标及标高,再按图示方位打桩放线,确定沟槽位置、宽度和深度。其坐标和标高应符合设计要求,偏差不得超过质量标准的有关规定。根据给水管管径确定挖沟的宽度。沟底宽度公式为:

$$D=d+2L$$

式中:D——沟底宽度(cm);

d——水管设计管径(cm);

L——水管安装的工作面(cm)。

当设计无规定时,其沟底的宽度不小于 80 cm(管径 DN200 以下)。

沟槽开挖分为人工开挖和机械开挖两种方式。由于沟槽较浅,深度平均为 1 m,沟槽开挖采用人工开挖方式,不放边坡。为了便于管段下沟,挖沟槽的土应堆放在沟的一侧,且土堆底边与沟边应保持一定的距离,一般不小于 0.8 m。如采用机械挖槽,应确保沟槽底土层结构不被扰动或破坏,用机械挖槽或开挖沟槽后,当天不能下管时,沟底应留出 0.2 m 左右不挖,待铺管前用人工清挖。沟槽开挖时,如遇有管道、电缆、建筑物、构筑物或文物古迹,应给予保护,并及时与有关单位和设计部门联系,严防事故发生造成损失。

5. 基础处理

给水管一般直接埋在天然的地基上,不需要做基础处理。遇到岩石基础或者承载力达不到要求的地基土层,应做垫砂或者基础加固处理。处理后需要确认基础标高与设计的管底标高是否一致,有差异需要做调整。

步骤二 清扫管膛

将管道内的杂物清理干净,并检查管道有无裂缝和砂眼。管道接口位置若有飞刺、铸砂等应预先铲掉,沥青漆用喷灯或气焊烤掉,再用钢丝刷除污物。

步骤三 管材、管件、阀门、消火栓等就位

1. 散管和下管

散管指将检查并疏通好的管材散开摆好。下管是将管子从地面放入沟槽内。采用人工下管,将绳索的一端拴固在地锚上,拉住绕过管子的另一端,并在沟边斜放滑木至沟底,用撬杠将管子移至沟边,再慢慢放绳,使管子沿滑木滚下。沟底不能站人,确保操作安全。

2. 管道对口和调直稳固

下至沟底的管道应调直和稳固,遇有需要安装阀门、消火栓处,应将阀门与其配合的短管安装好,而不能先将短管与管子连接后再与阀门连接。

步骤四 管道安装

管道安装材料准备后,计算相邻的节点之间需要管材和各种管件数量。安装顺序一般是先干管后支管再立管,管道安装采用法兰连接,当管道接口法兰用于阀门、水表处时,不得埋于土中,应安装在检查井内。给水检查井内的管道安装,如设计无要求,井壁距法兰距离为不小于 250 mm(管径小于 DN450)。

步骤五　水压试验

管道安装完毕后,应对管道系统进行水压试验。按其目的可分为检查管道耐压强度的强度试验和检查管道连接情况的严密性试验。室外给水管道水压试验长度一般不宜超 1000 m,按设计要求施压。

水压试验操作方法:

(1)连接好试压装置。

(2)接通水源。

(3)打开自来水向管内注水,此时应打开放气阀,放气阀连续出水,表明管内空气已被排尽。

(4)升压前应检查各接口、支撑和堵板,有问题要处理好后才能升压。

(5)升压应缓慢,每次升压 0.2 MPa 左右,并应视察各接口是否渗漏,同时支撑、管端附近不得站人,升至工作压力时,应停泵检查。

(6)无问题继续升压至试验压力,停泵检查,压力表 10 min 内压降不超过 0.05 MPa,管道、附件和接口等不发生漏裂情况,证明强度试验合格。然后将压力降至工作压力进行严密性试验。对试压的管道进行全面检查,无渗漏为合格,并履行必要的签字手续。

(7)试验经检查人员检验合格,做好试压记录,放净管内存水,如设置排水泵可用其将存水抽至沟外。

(8)填写"隐蔽工程记录",测量好竣工图要求的有关数据,再回填土方,恢复地貌。

埋地管道水压试验须检查合格,管身上部回填土不小于 0.5 m(管道接口处除外),管内充水应在管道埋地 24 h 后进行。充水前应注意排净管内空气。试压前,应做好试压机具的准备,并对试压泵系统进行检查。管道接口处有回填土覆盖时,应将覆土取出,对各管件的支撑、挡墩、后背进行外观检查,试压管段两端及所有的甩头均不得用闸板代替堵板,消火栓、排气阀、泄水阀等附件一律不得安装,管口必须用堵板堵死,堵板厚度应根据管径和试验压力确定,管道试压的钢板堵板厚度为 8 mm(管径 DN300 以下)。

步骤六　给水管道冲洗消毒

新铺给水管道竣工后,均应进行冲洗消毒。冲洗消毒应把管道中已安装好的水表拆下,以短管代替,使管道接通,并把需冲洗消毒的管道与其他正常供水的管道接通。消毒前,先用高速水流冲洗水管,在管道末端将冲洗水排出。当冲洗到所排出的水内不含杂质时即可进行消毒处理。进行消毒处理时,先把消毒段所需的漂白粉放入水桶内,加水搅拌使之溶解,然后随同管内充水一起加入管段,浸泡 24 h。然后放水冲洗,并继续测定管内水和细菌含量,直至合格为止。

步骤七　管道回填

沟槽在管道敷设完毕应尽快回填。一是管道两侧及管顶以上 0.5 m 的土方,在管道安装完毕后即进行回填,接口处留出,但其底部基础必须填实。二是沟槽其余部分在管道试压合格后及时回填,如沟内有积水,应先排尽,再进行回填。管道两侧及管顶以上 0.5 m 部分的回填,应同时从管道两侧填土夯实,不得损坏管子。沟槽其余部分的回填也应分层夯实。

分层夯实时,其虚铺厚度如无设计规定,使用动力打夯机施工时,覆土深度不大于 0.3 m;人工打夯施工时,覆土深度不大于 0.2 m。管子接口工作坑必须回填夯实。位于道路下的管道段,沟槽内管顶以上部分的回填应用砂土分层夯实。用机械回填管沟时,机械不得在管道上方行走。距管顶 0.5 m 高度范围内,回填土不允许含有直径大于 100 mm 的块石或冻结的大土块。

二、排水管网铺设

步骤一 安装准备

与给水管网施工安装准备相同。

步骤二 测量放线

基坑开挖前根据设计图纸及施工方案进行中线定位;开挖过程中,必须对中线、高程、基坑下口线、基坑底工作面的宽度进行检测,并在人工清底前测放高程控制桩;根据清底后管线中线桩及设计基础宽度测放管线基础结构宽度,同时测放管线基础高程控制桩。

步骤三 基坑开挖及支护

当有机械施工条件时,采取机械开挖、人工清底的方式进行基坑开挖。机械开挖至设计标高以上 20 cm,再由人工清挖至设计标高。当无机械施工条件时,采取人工开挖的方式进行基坑开挖。

基坑开挖的基底宽度应为管基宽度的两侧各加宽 30 cm 的人工操作工作面。基坑开挖到设计标高后在槽底两侧设置排水明沟,并在基槽的适当位置设置集水坑,作为基槽排水所用。

基槽深度满足:$h<1.5$ m 时,采用直槽开挖方式;1.5 m$<h<5$ m 时,开挖放坡系数为 $1:0.3$;$h>5$ m 时,开挖放坡系数为 $1:0.5$;基槽开挖不具备放坡条件时,采取直槽开挖方式,并加拉森钢板桩支护。

步骤四 基底处理、坑底夯实

基坑开挖到基础底后,如为岩石、砾石基底,应将基底的岩石、砾石等坚硬物体铲除至设计标高以下 150～200 mm,然后铺上沙土整平夯实。如为土质基底,必须对排水管的地基夯实后进行检测。地基容许承载力必须达到 100 kPa,当基础底承载力达不到设计要求时,应对基底软基进行处理,处理方法为换填砂砾石,换填厚度应大于 30 cm。

步骤五 浇筑混凝土平基、养护

在基底检验合格后应及时浇筑平基混凝土,浇筑混凝土时不得对原状土进行扰动。平基混凝土的高程不得高于设计高程,其低于设计高程不得超过 10 mm,混凝土终凝前不得泡水,应进行覆盖养生。

步骤六 下管、安管

平基混凝土强度为 5 MPa 以上时,方可进行下管。对于 DN300 及以下的管道,可采用人工下管;对于 DN300 以上的管道,采用吊车进行下管。安管的对口间隙为 10 mm。较大的管,应进入管内检查对口,以减少错口现象。

步骤七 浇筑管座混凝土

浇筑管座混凝土前,平基应凿毛并将其冲洗干净。平基与管子接触的三角部分,应用与管座混凝土同强度等级混凝土填捣密实。浇筑管座混凝土时,应两侧同时进行,以防管子偏移。

步骤八 抹带接口、养护

抹带及接口均用 1:5 砂浆。抹带前将管口及管外皮抹带处洗刷干净。直径不大于 1000 mm,带宽 120 mm;直径大于 1000 mm,带宽 150 mm。带厚均为 30 mm。抹带分两层做完。第一层砂浆厚度约为带厚的1/3,并压实使管壁黏结牢固,在表面划成线槽,以利于与第二层结合。待第一层初凝后抹第二层,用弧形抹子捋压成形,初凝前再用抹子赶光压实。抹带完成后,立即用平软材料覆盖,3~4 h后洒水养护。

步骤九　闭水试验(污水管道)

污水管道抹带及相邻检查井砌筑完成后,必须分段进行闭水试验。按市政规范计算出每段的单位时间渗水量,当达到规范要求时,方可进入回填工序。如渗水量达不到规范要求,视渗水情况进行修补或返工。处理完后需再次进行闭水试验,直到合格为止。

步骤十　基坑回填

雨水管道安装就位后,应及时对管体两侧同时进行回填,以稳定管身,防止接口回弹。回填按基底排水方向,由高至低于管腔两侧同时分层进行,回填土不得直接扔在管道上。基坑底至管顶以上500 mm的范围均应采用人工回填方式,超过管顶500 mm可采用机械回填方式,回填时应按设计要求分层铺设夯实。

污水管道的回填方法与雨水管道相同,但必须在闭水试验合格后方可进行。

任务完成和效果评价

学生按照既定计划按步骤完成学习和工作任务,提交学习成果(课堂笔记和作业)、工作成果及体会。

任务完成效果评价表

班级:　　　　学号:　　　　姓名:　　　　组别:

考核方法	从学生查阅资料完成学习任务的主动性、所学知识的掌握程度、语言表述情况等方面进行综合评定;在操作中对学生所做的每个步骤或项目进行量化,得出一个总分,并结合学生的参与程度、所起的作用、合作能力、团队精神、取得的成绩进行评定				
任务考核问题	极不满意	不满意	一般	满意	非常满意
	1	2	3	4	5
1. 给水管网施工步骤					
2. 排水管网施工步骤					
学生自评分:	学生互评分:		教师评价分:		
综合评价总分(自评分×0.2+互评分×0.3+教师评价得分×0.5):					
学生对该教学方法的意见和建议:					
对完成任务的意见和建议:					

注:如果对项目的设置、教师在引导项目完成过程中的表现以及完成项目有好的建议,请填写"对完成任务的意见和建议"。

知识拓展

园林管线情况综合情况

1. 园林管线铺设的原则

(1)采用统一的城市坐标系统和高程系统。

(2)尽可能利用原有管线。

(3)尽可能采取最短、最简捷的埋地敷设方式。

(4)多数管线都最好布置在绿化用地中。

(5)考虑以后发展。

(6)布置中应力求减少管线交叉。

(7)架空方式敷设要求。

(8)管线过桥一般不允许通过园桥敷设可燃、易燃管道。

(9)建筑、围墙边管线敷设要求。管线从建筑边线向外侧水平方向平行布置时,布置的次序要根据管线的性质及其埋设深度来确定。

(10)一般管线自上向下布置的顺序:电力电缆、电信电缆或电信管道、燃气管道、热力管道、给水管道、雨水管道、污水管道。

(11)管线发生冲突时,一般这样处理:临时管线让永久性管线,小管道让大管道,可弯曲的管线让不易弯曲的管线,压力管道让重力自流管道,还未敷设的管线让已敷设的管线。

园林管线布置还应满足其他有关安全、卫生、美观、技术优化、经济节约等方面的要求。只有在充分满足了上述各方面的原则要求后,园林工程管线布置才能够真正做到避免冲突,消除矛盾,安全耐用,运行良好。

2. 园林管线综合平面图表示方法

园林中的管线很少,密度也小,因此交叉的概率也小,一般在 1:500~1:2000 的图纸上确定其平面位置,遇到管线交叉处可用垂距简表表示,如图 2-3-1 所示。

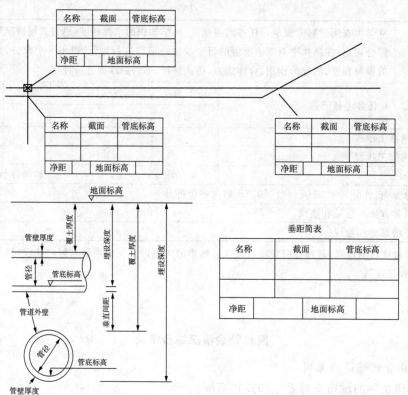

图 2-3-1　园林管线综合平面图表示方法

思考与练习

选择学校中的一块绿地,进行给排水管网施工。

随堂测验:

1. 下面关于给水管网的布置原则,(　　)是不正确的。

A. 和其他管道按规定保持一定距离,注意管线的最小水平净距和垂直净距

B. 干管应靠近主要供水点,保证有足够的水量和水压

C. 力求以最短距离敷设管线,以降低费用

D. 管网布置必须保证供水安全可靠,干管一般随主要道路布置,宜成树枝状,并尽量在园路和铺装场地下敷设

2. 给水管网管道安装完成后,应进行水压试验,其目的是检验管道及其接口的耐压强度和密实性,其试验压力为(　　)MPa。

A. 2　　　　　　　　B. 1　　　　　　　　C. 0. 5　　　　　　　　D. 5

3. (多选)园林排水工程组成,从排水工程设施方面来分主要分为(　　)等部分。

A. 污水处理水池　　　　　　　　B. 地表

C. 排水管渠　　　　　　　　D. 污水处理

任务四　喷灌工程设计与施工

　　园林中的喷灌方式一直是人工拖管浇筑,劳动量大,浪费时间和精力,同时用水也不经济。近年来,随着经济、社会的发展,绿地的面积不断扩展,绿地质量要求越来越高,绿地的喷灌量增加,原有的喷灌方式已不再适应。新型的喷灌方式逐渐发展起来,新型的喷灌系统广泛地运用在公园、城市广场以及农业生产中,它近似于天然降水,对植物全株进行灌溉,可以洗去树叶上的尘土,增加空气的湿度,而且节约用水。

　　园林喷灌工程设计是对特定绿地进行管网设计,喷头选型布置即为保证喷灌安全运行所采取的各种措施等,通过这个管网为喷头提供足够的水量和必要的工作压力,使所有的喷头能正常工作,以达到满足园林绿地喷灌质量和效果的目的。

学习目标

- 了解园林喷灌设计常识。
- 掌握园林喷灌设计步骤。
- 了解喷灌系统施工要求。

任务提出

　　某绿地植物品种繁多,为了节约水资源,降低城市绿化成本,需要进行喷灌工程设计,并按图进行施工。

任务分析

　　园林喷灌系统布置与给水系统相似,由于是生产用水,其水源可以是城市自来水,也可以是地表水和地下水。在设计喷灌系统前,首先要了解喷灌系统常识,收集基础资料,确定喷头选型和布局,计算满足喷头的正常工作的压力,绘制施工图纸,最后按图施工。

　　任务完成流程:喷灌系统常识——→基础资料的收集——→喷头选型和布局——→喷灌系统设计计算——→喷灌系统施工。

任务实施

步骤一　喷灌系统常识

1. 喷灌系统的组成

喷灌系统主要由水源、动力、管道系统和喷头等构成。

水源:包括河流、湖泊、水库和井泉等都可以作为喷灌的水源,但都必须修建相应的水源工程,如泵站、附属设施及水量调节池等。水源相对匮乏的城市可以选择中水作为喷灌用水。

动力:喷灌需要使用有压力的水才能进行喷洒。通常是用水泵将水提吸、增压、输送到各级管道及各个喷头中,并通过喷头喷洒出来。喷灌可使用各种农用泵,如离心泵、潜水泵、深井泵等。在有电力供应的地方常用电动机作为水泵的动力机。在用电困难的地方可用柴油机、拖拉机或手扶拖拉机等作为水泵的动力机,动力机功率大小根据水泵的配套要求而定。

管道系统及配件:管道系统一般包括干管、支管、竖管和管件,其作用是将压力水输送并分配到喷头中去。干管和支管起输水、配水作用,竖管安装在支管上,末端接喷头。管道系统中装有各种连接和控制的管件,包括闸阀、三通、弯头和其他接头等,有时在干管或支管的上端还装有施肥装置。

喷头:喷头将管道系统输送来的水通过喷嘴喷射到空中,形成下雨的效果撒落在地面,灌溉植物。喷头装在竖管上或直接安装于支管上,是喷灌系统中的关键设备。

2. 喷灌系统的类型

依照喷灌方式,喷灌系统可分为移动式、固定式和半固定式三种。

移动式喷灌系统:这种喷灌系统适用于天然水源(池塘、河流等)的园林绿地灌溉,动力、水泵、管道和喷头是可以移动的。优点是投资少、机动性强;缺点是操作不便,劳动强度大,移动管道时容易损坏作物并使得土壤板结。

固定式喷灌系统:这种喷灌系统的水泵和动力机构成固定的泵站,干管和支管多是埋在地下的,喷头在固定的竖管上,也可以临时安装。目前运用较多的地埋式伸缩式喷头,平时缩入套管或者检查井内,工作时,利用水压,喷头上升到一定的高度后喷洒。优点是节省人工、水量,便于实现现代化和遥控操作;缺点是喷灌系统设备费用较高,一次性投资较多。

半固定式喷灌系统:这种喷灌系统,水泵、动力机和干管做成固定的,支管做成移动的。单位面积投资远低于固定式喷灌系统。优缺点介于以上两者之间,多用于大型花圃、苗圃、菜地以及公园树林区等。

以上三种形式可根据条件灵活采用。这里重点介绍固定式喷灌系统。

步骤二 基础资料的收集

1. 图纸资料

图纸资料包括公园的平面图、竖向设计图和地形图。地形图一般比例尺为 1:500～1:1000,了解设计区域的形状、面积、位置和地势等。

2. 气象资料

气象资料包括气温、雨量、湿度、风向风速、土壤蒸发量等,其中风对喷灌的影响最大。

3. 土壤资料

土壤的物理性能包括土壤的质地、持水能力、土层厚度、汲水能力等。土壤的物理性能是确定喷灌强度和灌水定额的依据。

4. 植被情况

植被情况包括植被的种类、种植面积、根系情况等。

5. 水源条件

了解周围地区的给排水规划图和建设单位对园林各用水点的具体要求等,选择并采用城市自来水或天然水源。

6. 动力来源

喷灌系统的动力可采用电、柴油机、汽油机等,应分别依据具体情况定。

步骤三　喷头选型和布局

1. 喷头的选型

喷头按压力分为低压喷头、中压喷头、高压喷头;按工作特点分为固定式喷头、旋转式喷头;按安装特点分为地上式喷头和地下埋藏式喷头等。喷头在选型时应结合实际,如小面积草坪、长条绿化带及不规则草坪宜采用低压喷头,体育场、高尔夫球场、大草坪宜采用中、高压喷头,选定喷压后其组合喷灌强度应小于或等于土壤入渗强度。一个工程尽量选用一种型号,或选用性能相近的喷头,便于维修。

2. 喷头喷洒方式

喷头喷洒的形状有圆形和扇形,一般扇形只用在场地的边角上,其他用圆形。

3. 喷头的布置形式

喷头的布置形式也叫喷头的组合形式,指喷头相对位置的安排。在喷头射程相同的情况下,不同的布置形式,其支管和喷头的间距不同。表2-4-1是常见的几种喷头的布置形式、有效控制面积及应用范围。

表2-4-1　几种喷头的布置形式、有效控制面积、应用范围

序号	喷头的组合形式	喷洒方式	喷头间距(L)、支管间距(b)、喷头射程(R)的关系	有效控制面积(S)	应用范围
(1)	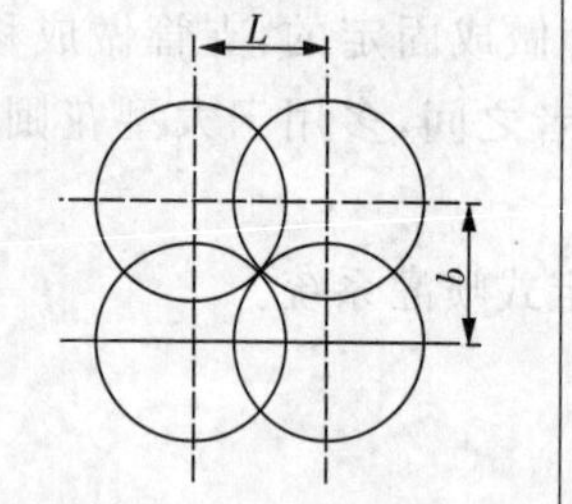	全圆	$L=b=1.42R$	$S=2R^2$	在风向改变频繁的地区效果较好
(2)	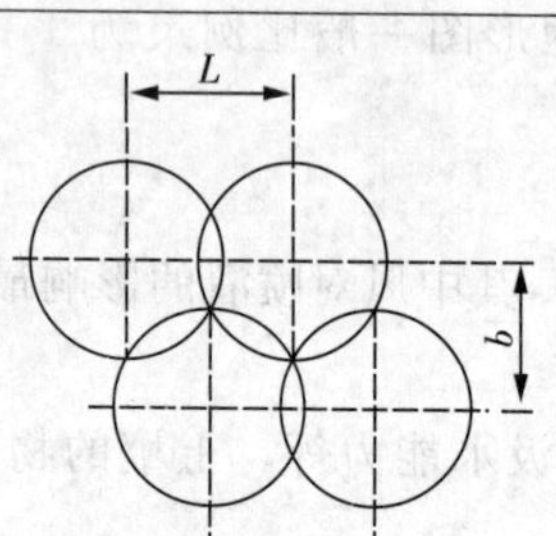	全圆	$L=1.73R,b=1.5R$	$S=2.6R^2$	在无风的情况下效果较好
(3)	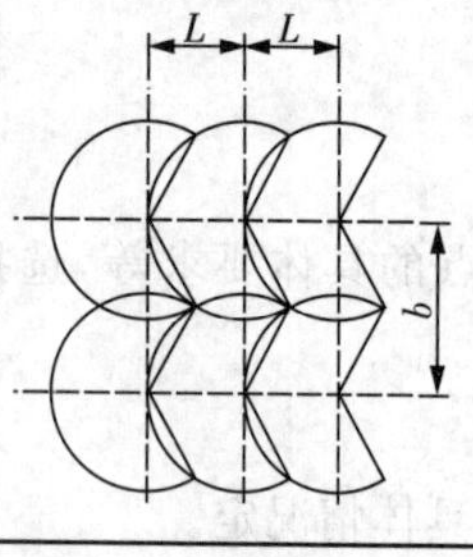	扇形	$L=R,b=1.73R$	$S=1.73R^2$	较(1)(2)形式节省管道,但多用了喷头

（续表）

序号	喷头的组合形式	喷洒方式	喷头间距(L)、支管间距(b)、喷头射程(R)的关系	有效控制面积(S)	应用范围
(4)		扇形	$L=R,b=1.87R$	$S=1.87R^2$	较(1)(2)形式节省管道,但多用了喷头

4. 喷头及支管间距

在确定喷头的布置形式后,选择合适的喷嘴,每个正规的厂家的产品都标明了喷嘴的型号、射程、喷嘴的流量和工作压力等,根据喷嘴的射程(R)确定喷头的间距(L)和支管间距(b)。表2-4-2是美国某公司的喷头组合间距建议值。

表2-4-2　美国某公司的喷头组合间距建议值

平均风速（m/s）	喷头间距 L	支管间距 b	平均风速（m/s）	喷头间距 L	支管间距 b
＜3.0	0.8R	1.3R	4.5～5.5	0.6R	R
3.0～4.5	0.8R	1.2R	＞5.5	不宜喷灌	

步骤四　喷灌系统设计计算

在确定喷灌的布置形式、合适的喷嘴后,需确定立管、支管、主管的管径,每次喷灌所需要的时间,每管段的水头损失,引水点或泵房所需要的工作压力和扬程。

1. 选择管径

根据所选喷嘴流量Q_P和接管管径,确定立管管径,按照布置形式、支管上喷嘴的数量,得出支管的水流量(Q)。流量(Q)计算出来后,查水力计算表,得到支管流速(v)和管径(DN)。主管管径(DN)的确定与主管上连接的支管的数量以及设计同时工作的支管数量有关,主管的流量(Q)随同时工作的支管数量变化而变化。为了便于安装和运输,喷灌系统一般多用钢管和UPVC塑料管。

2. 计算喷灌时间

喷灌时间指为了达到既定的灌水定额,喷头所需喷水时间。合理的喷水时间既能保证草皮或花卉的需要,又不会造成水量过多而流失。喷头的喷灌时间可用下列公式计算。

$$t=\frac{mS}{1000Q_P}$$

式中:t——喷灌时间(h);

m——设计喷灌定额(mm);

S——喷头的有效控制面积(m^2);

Q_P——喷头的喷水量(m^3/h)。

(1)设计灌水定额

灌水定额是指一次灌水的水层深度(mm)或一次灌水单位面积的用水量(m^3/ha)。

设计灌水定额是指作为设计依据的最大灌水定额。计算灌水定额的目的是使植物有充足的水分,又不浪费水。计算灌水定额的方法有以下两种。

① 利用土壤田间持水量资料计算

在排水良好的土壤中,排水后水分含量不受重力影响而保持在土壤中。合理的灌水量是使土壤的含水量等于土壤田间持水量,少了不足,多了会渗走。最合适的土壤湿度为土壤含水量等于田间持水量的80%～100%。若土壤含水量低于田间持水量的60%～70%,植物吸水困难,此为灌水的下限。根据植物根系活动深度、田间持水量、土壤容重得出设计灌水定额如下:

$$m = 10rh(P_1 - P_2)/\eta$$

式中:m——设计灌水定额(mm);

r——土壤容量(g/cm^3);

h——计算土壤厚度,草坪、花卉可取20～30 cm;

P_1——适宜的土壤含水量上限,取田间持水量的80%～100%;

P_2——适宜的土壤含水量下限,取田间持水量的60%～70%;

η——灌溉水有效利用系数,一般取0.7～0.9。

② 利用土壤有效持水量资料计算

有效持水量是指可以被植物吸收的土壤水分。灌溉主要是补充土壤中的有效水分,通常土壤有效持水量耗去1/3～2/3便需灌水补充。

$$m = 1000\alpha h P/\eta$$

式中:m——设计灌水定额(mm);

α——允许土壤消耗的水分占有效持水量的百分比,见表2-4-3;

h——计算土壤厚度,草坪、花卉可取20～30 cm;

P——土壤的有效持水量,见表2-4-4;

η——灌溉水有效利用系数。一般取0.7～0.9。

表2-4-3 允许土壤消耗的水分占有效持水量的百分比

植物种类	允许土壤消耗的水分占有效持水量的百分比(%)
生产价值高、对水分敏感的植物(花卉、蔬菜等)	33
生产价值与根深中等的植物	50
生产价值低、抗旱性强的根深植物(耐旱的草坪与大田植物等)	67

表 2-4-4 几种常见的土壤的持水量

土壤类别	有效持水量(体积,%)		土壤类别	有效持水量(体积,%)	
	范围	平均值		范围	平均值
粗砂土	3.3~6.2	4.0	中壤土	12.5~19.0	16.0
细砂土和壤土	6.0~8.5	7.0	黏壤土	14.5~21.0	17.5
砂壤土	8.5~12.5	10.5	黏土	13.5~21.0	17.0

以上计算的结果是设计灌水定额,也是最大的灌水定额。实际上植物在不同的生长发育阶段和不同季节,对水量的要求也不同,因此为了计算方便,都按设计灌水定额计算灌水定额。

(2)设计灌水周期

灌水周期也称为轮灌期,在喷灌系统中,需确定植物消耗水分最多时的水量和允许最大的灌水间隔时间。

灌水周期可以用以下公式计算:

$$T=\frac{m}{w}\eta$$

式中:T——灌水周期(d);

   m——灌水定额(mm);

   w——作物日平均耗水量或土壤水分消耗速率(mm/d);

   η——灌溉水有效利用系数。一般取 0.7~0.9。

目前,园林中没有具体的灌水周期。农业上,大田作物一般为 5~10 d,蔬菜为 1~3 d。

(3)喷灌强度和喷灌有效面积

单位时间喷洒于田间的水层深度称为喷灌强度,用字母 ρ 表示,单位一般为 mm/h。喷灌系统中,喷头的实际控制面积为喷灌的有效面积。

喷灌强度的公式:

$$\rho=\frac{1000Q_p}{S}$$

式中:ρ——喷灌强度(mm/h);

   Q_p——喷头喷水量(m³/h);

   S——喷头控制面积(m²)。

3. 管道的水力计算

喷灌系统与给水管道系统相仿通过计算,确定流量和配套动力。喷头的工作也需要工作压力,而喷灌管道同样有阻力,水在水管内流动也会有水头损失,需要计算水头损失来确定引水点的水压和加压泵的扬程,以便选择合适的水泵型号。

水头损失包括沿程水头损失和局部水头损失,沿程水头损失可以查管道水力计算表,也可以用谢才公式计算。局部水头损失计算较烦琐,可以估算为沿程水头损失的 10%~15%。

水泵选型时首先计算出所有喷头流量,再选择相应压力的水泵。

喷灌区内干管供水范围内所有喷头流量和三和为干管总流量,根据干管总流量和经济流速,查水力计算表求得干管管径。

喷头流量总量公式:

$$Q = \sum N_{喷头} \cdot q$$

式中:Q—— 所有喷头的流量;

    $N_{喷头}$—— 喷头的个数;

    q—— 每个喷头的流量。

计算喷灌系统压力时,首先找出最不利点,所谓最不利点,是指远离泵房、地面标高较高处。最不利点满足压力要求,其他各点均能满足要求。

压力的计算公式:

$$H = H_{喷头} + H_{沿} + H_{局} + \Delta H$$

式中:H—— 系统总压力,最不利点需要的压力($\text{m H}_2\text{O}$)

    $H_{沿}$—— 沿程水头损失

    $H_{局}$—— 局部小头损失

    $H_{喷头}$—— 最不利点喷头的设计工作压力;

    ΔH—— 最不利点喷头到水泵进水面的高差。

步骤五　喷灌系统施工

1. 定点放线

定点放线就是把设计图纸上的设计方案直接布置到地面上去。对于水泵定线应确定水泵的轴线位置、泵房的基脚位置和开挖深度;对于管道系统则应确定干管的轴线位置,弯头、三通、四通及喷点(即竖管)的位置和管槽的深度。

2. 挖渠道基坑和管槽

在便于施工的前提下管槽尽量挖得窄些,只是在接头处有一个较大的坑,这样管子承受的压力较小,土方量也小。管槽的底面就是管子的铺设平面,所以要将其挖平以减少不均匀沉陷。基坑和管槽开挖后最好立即浇筑基础并铺设管道,以免长期敞开造成管槽坍方和底土风化,影响施工质量及增加土方工作量。

3. 浇筑水泵基座

浇筑水泵基座关键在于严格控制基脚螺钉的位置和深度,常用一个木框架,按水泵基脚尺寸在其上面打孔,按水泵的安装条件把基脚螺钉穿在孔内进行浇筑。

4. 安装管道

管道安装工作包括装卸、运到现场、机械加工、接头、装配等。管道安装应注意以下几点:

(1)干支管均应埋在当地冰冻层以下,并应考虑地面上动荷载的压力来确定最小埋深,管子应有一定的纵向坡度,使管内残留的水能向水泵或干管的最低处汇流,并装有排空阀以便在喷灌季节结束后将管内积水全部排空。

(2)对于脆性管道(如水泥管等),装卸运输时需特别小心,减少破损率,铺设时隔一定距离(10~20 m)应装有柔性接头。管槽应预先夯实并铺砂过水,以减少不均匀沉陷造成的管内应力。在水流改变方向的地方(弯头、三通等)和支管末端应设镇墩以承受水平侧向推力和轴向推力。

（3）对于塑料管应装有伸缩节以适应温度变形。

（4）安装过程中要始终防止砂石进入管道。

（5）对于金属管道，在铺设之前应先进行防锈处理。铺设时如发现防锈层有损失或脱落应及时修补。

5. 冲洗

冲洗是管子装好后先不装喷头，开泵冲洗管道，将竖管敞开任其自由溢流把管中沙石都冲出来，以免以后堵塞喷头。

6. 试压

试压是将开口部分全部封闭，竖管用堵头封闭，逐段进行试压。试压的压力应比工作压力大一倍，保持这种压力 10～20 min，各接头不应当漏水，如发现漏水应及时修补，直至不漏为止。

7. 回填

经试压证明整个系统施工质量合乎要求，才可以回填。如管子埋深较大应分层轻轻夯实。采用塑料管时应掌握回填时间，最好在气温等于土壤平均温度时回填以减少温度变形。

8. 试喷

最后装上喷头进行试喷，必要时还应检查正常工作条件下各喷点处是否达到喷头的工作压力，用量雨筒测量系统均匀度，看是否达到设计要求，检查水泵和喷头运转是否正常。最后绘制埋在地下的管道和管件的实际位置图，以便检修时参考。

任务完成和效果评价

学生按照既定计划按步骤完成学习和工作任务，提交学习成果（课堂笔记和作业）、工作成果及体会。

任务完成效果评价表

班级：　　　　　　学号：　　　　　　姓名：　　　　　　组别：

考核方法	从学生查阅资料完成学习任务的主动性、所学知识的掌握程度、语言表述情况等方面进行综合评定；在操作中对学生所做的每个步骤或项目进行量化，得出一个总分，并结合学生的参与程度、所起的作用、合作能力、团队精神、取得的成绩进行评定				
任务考核问题	极不满意	不满意	一般	满意	非常满意
	1	2	3	4	5
1. 喷灌系统计算					
2. 喷灌系统施工					
学生自评分：	学生互评分：			教师评价分：	
综合评价总分（自评分×0.2＋互评分×0.3＋教师评价得分×0.5）：					
学生对该教学方法的意见和建议：					
对完成任务的意见和建议：					

注：如果对项目的设置、教师在引导项目完成过程中的表现以及完成项目有好的建议，请填写"对完成任务的意见和建议"。

思考与练习

以小组为单位分析喷灌系统设计图,每组安排一名组员汇报分析结果。

随堂检测

1. 下面( )不属于喷灌系统的组成。

A. 器材和管件   B. 控制设备

C. 过滤设备   D. 沉淀设备

2. 在山地的喷灌设计中,支管应该沿主坡向脊线布置,干管沿等高线布置。( )

A. √   B. ×

3. 喷灌系统设计中,不用在每根支管上安装阀门。( )

A. √   B. ×

4. 在经常刮风的地区做喷灌系统设计时,支管与主风向平行。( )

A. √   B. ×

5. 在缓坡地的喷灌系统设计中,干管尽可能沿路放置,支管与干管垂直。( )

A. √   B. ×

项目三　水景工程

园林绿地给排水工程是园林工程中重要的组成部分,也是城市给排水工程的一部分。水是园林的生命,是景观之魂。园林景观中有水,不但能使景色有生气、活泼,而且还具有灌溉、消防、增湿、种植、划船、划水等生活、娱乐和实用价值,在园林工程营造中,水景的应用是不可或缺的。

任务一　驳岸和护坡工程设计与施工

园林中的各种水体需要有稳定、美观的岸线,并使陆地与水面之间保持一定的比例关系,防止水岸坍塌而影响水体,因而在水体的边缘修筑驳岸或进行护坡处理。驳岸与护坡除起到支撑和防冲刷作用之外,还可以通过不同的形式处理,增加驳岸的变化,丰富水景的立体层次,增强景观的艺术效果。

学习目标

- 了解驳岸和护坡工程的类型。
- 掌握驳岸和护坡工程设计常识。
- 掌握驳岸和护坡工程施工要点。
- 能进行驳岸和护坡工程设计。

任务提出

图 3-1-1 为某公园水体平面图,从公园驳岸分区平面图上可以看出驳岸在全园的常水位线上,根据各自所处的地形条件依次确定了 28 个断面的位置。两个相邻断面点之间为一个区间,这样可将全园划为 25 个区间,这 25 个区间又根据原有地形条件、土质情况概括为 7 种驳岸断面设计的类型并作出驳岸断面采用类型表分项说明(见表 3-1-1),请为公园的水体做驳岸或护坡设计。

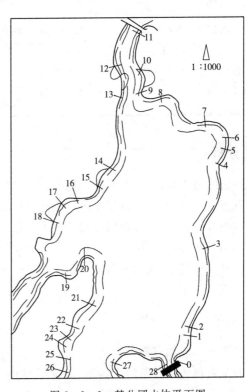

图 3-1-1　某公园水体平面图

表 3-1-1 公园驳岸断面采用类型表分项说明

区间	标高				高度	驳岸类型	备注	区间	标高				高度	驳岸类型	备注
	压顶	覆土	基础	平台					压顶	覆土	基础	平台			
0~1	3.25	1.85	1.40		1.40	III		13~14	3.15					V	踏步式
1~2	3.20	1.65	1.15		1.55	III		14~15	3.00				1.75	I	外移
2~3								15~16	2.85				1.60	I	原拆新建
3~4	3.15	1.65	1.25		1.50	IV	覆土	16~17							上装栏杆
4~5	3.00	1.70	1.25		1.30	III	覆土	17~18	3.30				1.50	II	原拆外移
5~6	3.00	1.85	1.50		1.15	IV		19~20							
6~7	3.00	1.60	1.15		1.40	III		20~21	3.15					II	踏步式
7~8	3.05	1.65	1.15	2.50		V	踏步式	21~22	3.00				1.40	III	
8~9	3.05	1.65	1.20		1.40	III	覆土	22~23	3.10				1.40	III	
9~10	3.10	1.70	1.25				外移	23~24	3.25				1.35	III	
10~11	3.15	1.80	1.35		1.35	III	内移	24~25	3.30				1.15	IV	
								25~26	3.30				1.15	IV	
12~13	3.15	1.70	1.35		1.45	III	地位变更	26~28	3.05				1.40	III	

任务分析

该公园为综合性公园,水体面积大,水体驳岸线长,水体与道路的关系时近时远,为体现水体景观的多样性,可以依据水体岸边地形的高低、山石植物的变化因地制宜地设置不同的驳岸或护坡工程,使水体的驳岸线呈现出丰富的变化,避免使用单一的驳岸或护坡而使水体景观单调乏味。

任务完成流程:收集资料──→准备工作──→水体驳岸和护坡工程的设计──→水体驳岸和护坡工程的施工。

任务实施

步骤一 收集资料

收集资料包括公园的平面图、竖向设计图、园内和附近地区城市给排水管网的布置资料、土壤土质资料,还要对园林场地进行踏勘和考察,尽量全面地收集与设计相关的资料。

步骤二 准备工作(图板、图纸、绘图工具)

A3 图板、A3 图纸、三角板、丁字尺、针管笔(0.15、0.3、0.6)、钢笔等。

步骤三 水体驳岸和护坡工程的设计

园林水体要求有稳定、美观的水岸以维持陆地和水面一定的面积比例,防止陆地被淹或水岸坍塌而扩大水面。因此,在水体边缘必须建造岸坡。

1. 驳岸工程设计

驳岸是挡土墙的一种,在水缘与陆地交界处,为了稳定岸壁,保护水体不被冲刷或水淹等因素破坏而设置的垂直构筑物。

(1)驳岸的作用

① 可以防止因冻胀、浮托、风浪的淘刷或超重荷载而导致的岸边坍塌,对保持水体起着重要的作用。

② 构成园景。高低曲折的驳岸使水体更加富有变化,提高园林的艺术性。

(2)常见驳岸设计形式

据驳岸的造型,可以将驳岸划分为规则式驳岸、自然式驳岸和混合式驳岸 3 种。

① 规则式驳岸。指用砖、石、混凝土砌筑的比较规整的驳岸,如常见的重力式驳岸如图 3-1-2、半重力式驳岸和扶壁式驳岸图 3-1-3 所示等,常以重力式驳岸为主。这种驳岸简洁明快,但缺乏变化,多属永久性驳岸,要求较好的砌筑材料和施工技术。

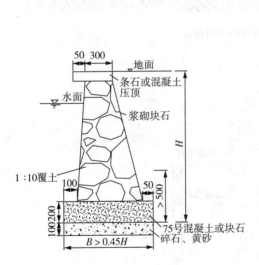

图 3-1-2 重力式驳岸(单位:mm)

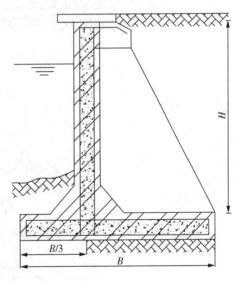

图 3-1-3 扶壁式驳岸

② 自然式驳岸。指外观无固定形状或规格的岸坡处理,如常见的假山石驳岸如图 3-1-4、卵石(石矶)驳岸图 3-1-5 所示、仿树桩驳岸等。这种驳岸自然亲切,景观效果好。

③ 混合式驳岸。该驳岸结合规则式驳岸和自然式驳岸的特点。一般用毛石砌墙,自然山石封顶,园林工程中也较为常用。这种驳岸易于施工,具有一定装饰性,如图 3-1-6 所示。

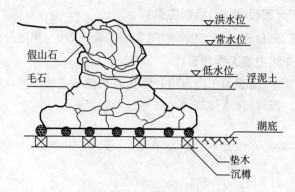

图 3-1-4　假山石驳岸

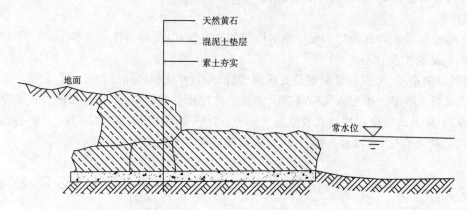

图 3-1-5　卵石(石矶)驳岸

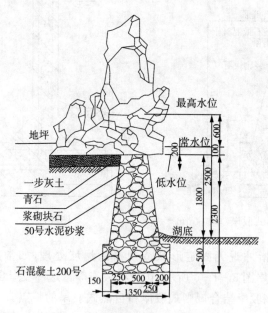

图 3-1-6　混合式驳岸(单位:mm)

（3）常见驳岸结构（以砌石驳岸为例）

砌石驳岸是园林工程中最为主要的护岸形式。它主要依靠墙身自重来保证岸壁的稳定，抵抗墙后土壤的压力。常见砌石驳岸的工程结构（如图3-1-7）由压顶、墙身和基础三部分组成。常见块石驳岸尺寸关系参数如表3-1-2所示。

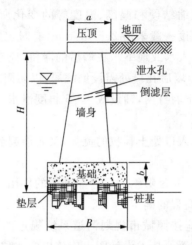

图3-1-7　常见砌石驳岸工程结构

表3-1-2　常见块石驳岸尺寸关系参数

H/mm	a/mm	B/mm	b/mm	H/mm	a/mm	B/mm	b/mm
100	30	40	30	350	60	140	70
200	50	80	30	400	60	160	70
250	60	100	50	500	60	200	70
300	60	120	50				

园林驳岸高度一般不超过2.5 m，可以根据以上经验数据来确定各部分尺寸。
H：驳岸深度；a：驳岸压顶宽度；B：驳岸基础宽度；b：驳岸基础厚度。

压顶——驳岸最上面的部分，作用是增强驳岸稳定性，阻止墙后土壤流失，美化水岸线。压顶用混凝土或大块石做成，宽度为30～50 cm。如果水体水位变化大，即雨季水位很高，平时水位低，这时可将岸壁迎水面做成台阶状，以适应水位的升降。

墙身——基础与压顶之间的主体部分，多用混凝土、毛石、砖砌筑而成。墙身承受压力最大，主要来自垂直压力、水的水平压力及墙后土壤侧压力，为此，墙身要确保一定厚度。墙体高度根据最高水位和水面浪高来确定。考虑到墙后土压力和地基沉降不均匀变化等，应设置沉降缝。为避免因温差变化而引起墙体破裂，一般每隔10～25 m设一道伸缩缝，缝宽20～30 mm。岸顶以贴近水面为好，便于游人接近水面，并显得蓄水丰盈饱满。

基础——驳岸的承重部分，上部重量经基础传给地基。因此，要求基础坚固，埋入湖底深度不得小于50 cm，基础宽度要求在驳岸高度的60％～80％倍范围内；如果土质疏松，必须作基础处理。

垫层——基础的下层，常用材料（如矿渣、碎石、碎砖等）整平地坪，保证基础与土基均匀接触。

基础桩——增加驳岸的稳定性,是防止驳岸的滑移或倒塌的有效措施,同时也兼起加强土基的承载能力作用。材料可以用木桩、混凝土桩等。直径一般为 10~15 cm,长 1~2 m。

沉降缝——由于墙高不等,墙后土压力、地基沉降不均匀等因素的变化必须考虑设置的断裂缝。宽度 20~30 mm,缝塞沥青麻筋或者涂沥青木板,塞入深度不宜小于 20 mm。

伸缩缝——避免因水泥收缩结硬和湿度、温度等的变化所引起的破裂而设置的缝道。一般隔 10~25 m 设置一道,宽度一般采用 20~30 mm,有时也兼作沉降缝用。

泄水孔——为避免地面渗入水或地下水在墙后的滞留,应考虑设置泄水孔,其分布可作等距离布置,间隔 3~5 m,驳岸墙后孔口处需设倒滤层,以防阻塞。

做法:常用打通毛竹管埋于墙身内,铺设成 1:5 斜度泄水孔,出口高度宜在低水位以上500 mm。

倒滤层——为防止泄水孔入口处土颗粒的流失,又要能起到排除地下水的作用,常用细砂、粗砂、碎石等组成。

带缆棒——埋放在压顶内,起足够给船只停靠带缆的作用。

(4)驳岸平面位置和岸顶高程的确定

与城市河湖接壤的驳岸,应按照城市规划河道系统规定的平面位置建造。园林内部驳岸则根据设计图纸确定平面位置。技术设计图上应该以常水位线显示水面位置。

整形驳岸,岸顶宽度一般为 30~50 cm。如驳岸有所倾斜则根据倾斜度和岸顶高程向外推求。

岸顶高程应比最高水位高出一段距离,一般是高出 25 cm 至 1 m。一般的情况下,驳岸以贴近水面为好。在水面积大、地下水位高、岸边地形平坦的情况下,对于人流稀少的地带可以考虑短时间被洪水淹没以降低由大面积垫土或增高驳岸的造价。

驳岸的纵向坡度应根据原有地形条件和设计要求安排,不必强求平整,可随地形有缓和的起伏,起伏过大的地方甚至可做成纵向阶梯状。

2. 护坡工程设计

园林自然山地的陡坡、土假山的边坡、园路的边坡和水池岸边的陡坡,有时为顺其自然不做岸壁直墙驳岸,而是改用斜坡伸向水中,采用各种材料做成保护边坡的构筑物即为护坡。

护坡也是驳岸的一种形式,它们之间并没有具体严格的区别和界限。一般来说,驳岸有近乎垂直的墙面,以防止岸土下坍;而护坡则没有用来支撑土壤的近于垂直的墙面。

(1)护坡设计的作用

防止出现滑坡现象,减少地面水和风浪的冲刷,以保证斜坡的稳定。

(2)护坡的设计形式

护坡的设计形式,应依据坡岸用途、构景透视效果、水岸地质状况和水流冲刷程度而定。目前常见的方法有块石护坡、灌木护坡和草皮护坡。

块石护坡:适用于坡岸较陡,风浪较大或者造景需要。这种护坡施工容易,抗冲刷力强,经久耐用,护岸效果好,还能因地造景,灵活随意,是园林常见的护坡形式,如图 3-1-8 所示。

灌木护坡:较适于大水面平缓的坡岸。这种护坡,灌木具有韧性,根系盘结,不怕水淹,能耐弱风浪冲击力,减少地表冲刷,因而护岸效果较好,如图 3-1-9 所示。

草皮护坡:适于坡度为 1:5~1:20 的湖岸缓坡。这种护坡亲水性强,成坪时间短、速度快,护坡功能见效快,施工受气候限制少。护坡草种要求耐水湿,根系发达,生长快,生存力强,如假俭草、狗牙根等,如图 3-1-10 所示。

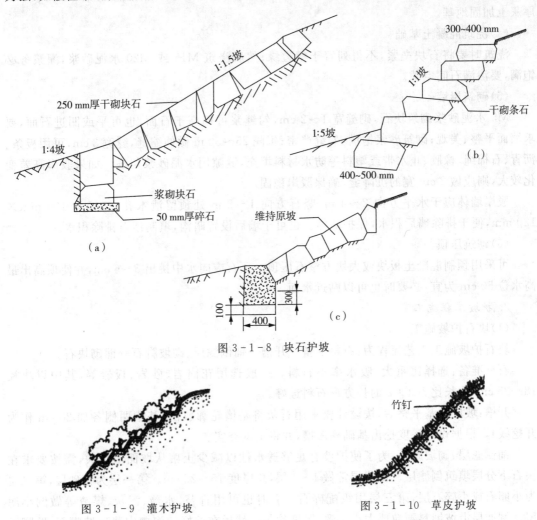

图 3-1-8 块石护坡

图 3-1-9 灌木护坡

图 3-1-10 草皮护坡

步骤四 水体驳岸和护坡工程的施工

1.砌石驳岸工程施工

驳岸施工前必须放干湖水或分段堵截围堰,逐一排空。

砌石驳岸施工工艺流程为:放线→挖槽→夯实地基→浇筑混凝土基础→砌筑岸墙→砌筑压顶。

（1）放线

驳岸布点放线应根据设计图上的常水位线,确定坡岸的平面位置,并在基础两侧各加宽20 cm 放线。

（2）挖槽

一般由人工开挖,工程量较大时采用机械开挖。为了保证施工安全,对需要放坡的地段,应根据规定坡度进行放坡。

（3）夯实地基

开槽后应将地基夯实,遇土层软弱时需进行加固处理。北方的做法常为铺厚 14～15 cm 厚灰土加固地基。

（4）浇筑混凝土基础

浇筑时要将石块垒紧,不得列置于槽边缘;然后浇筑 M15 或 M20 水泥砂浆,灌浆务必饱满,要渗满石间空隙。

（5）砌筑岸墙

M5 水泥砂浆砌筑块石,砌缝宽 1～2 cm,勾缝浆可稍高于石面,也可平或凹进石面,要求墙面平整、美观;砌筑砂浆饱满,勾缝严密;每隔 25～30 m 做伸缩缝,缝宽 3 cm,可用板条、沥青、石棉绳、橡胶、止水带或塑料等防水材料填充,缝隙用水泥砂浆勾满。如果驳岸高差变化较大,则应做 2 cm 宽的沉降缝,确保驳岸稳固。

驳岸墙体应于水平方向 2～4 m、竖直方向 1～2 m 处预留泄水孔,口径为 120 mm×120 mm,便于排除墙后积水,保护墙体。也可于墙后设置暗沟,填制沙石排除积水。

（6）砌筑压顶

可采用预制混凝土板块或大块方整石压顶。顶石应向水中挑出 5～6 cm,并使顶高出最高水位 50 cm 为宜,必要时也可以贴近水面。

2. 护坡工程施工

（1）块石护坡施工

块石护坡施工工艺流程为:石材准备→开槽→铺倒滤层、砌坡脚石→铺砌块石。

石材准备:选择比重大,吸水率小石料。一般选用花岗岩、砂岩、板岩等,其中以块径 18～25 cm、边长比为 1∶2 的长方形石料最好。

开槽:坡岸地基平整后,按设计要求用石灰将基槽轮廓放出(基槽两侧各加 20 cm 作为开挖线)。根据设计深度挖出基础梯形槽,并将土基夯实。

铺倒滤层、砌坡脚石:为了使护坡有足够透水性以减少土壤从坡面上流失,需按要求在块石下分层填筑倒滤层。倒滤层常做 1～3 层,总厚度 15～25 cm。第一层为粗砂层,第二层为小卵石或小碎石层,第三层用级配碎石。有时也可用青苔、水藻、泥灰、煤渣等做倒小滤层。倒滤层沿坡铺料颗粒要大小一致、厚度均匀。然后在挖好的沟槽中浆砌坡脚石,坡脚石宜选用大块石(石块径宜大于 400 mm),砌时先在基底铺一层厚 10～20 cm 的水泥砂浆,而后一一砌石,并灌满砂浆,以保证坡脚石的稳固。

铺砌块石:从坡脚石起,由下而上铺砌块石。砌时石块呈"品"字形排列,保持与坡面平行,彼此紧贴,用铁锤打掉过于突出的棱角并挤压上面的碎石使之密实地压入土内。铺完后可在上面行走,试一下石块的稳定性,如人在上面行走石头不动,说明铺石质量好,否则要用碎石嵌垫石间空隙。

（2）灌木护坡施工

灌木应具备耐水湿、速生、根系发达、株矮常绿等特点,可以选择沼生植物护坡。施工时可直接播种也可植苗,但要求较大的种植密度,若景观需要,强化天际线变化,可适量植草和乔木。

（3）草皮护坡施工

草皮护坡的施工根据坡面情况进行施工。

原坡面有杂草生长的平面，可以直接利用杂草护坡。

一般景观要求的坡面，在坡面上播草种，加盖塑料薄膜。

高要求的坡面，景观层次富有变化、地貌丰富、透视感强的坡面，可以在草地散置山石，配以花灌木。

坡岸土质疏松、易流失、防护要求高的坡面，在坡面铺设预制好的混凝土砖或混凝土骨架，并在其内植草。预制框格由混凝土、塑料、铁件、金属网等材料制作的，其每一个框格单元的设计形状和规格大小都可以有许多变化。框格一般是预制生产的，在边坡施工时再装配成各种简单的图形。用锚和矮桩将框格固定后，再往框格中填满肥沃壤土，土要填得高于框格，并稍稍拍实，以免下雨时流水渗入框格下面，冲刷走框底泥土，使框格悬空。

步骤五　施工图设计实训

从公园驳岸断面采用类型表分项说明看出，公园的驳岸区间用了七种驳岸类型，请参考图 3-1-11 绘制驳岸施工图。

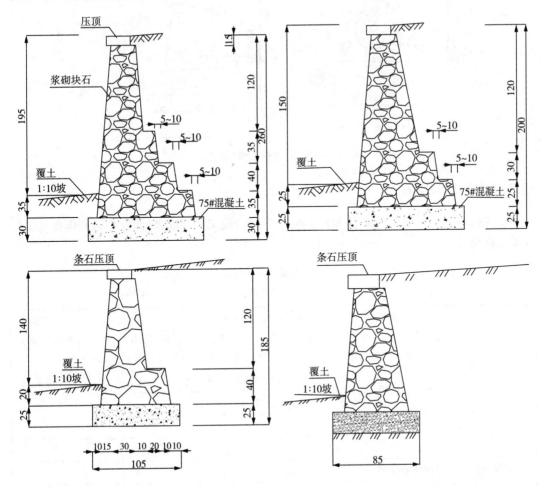

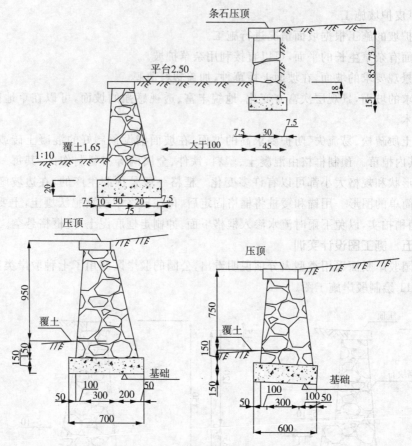

图 3-1-11　驳岸施工图(单位:mm)

任务完成和效果评价

学生按照既定计划按步骤完成学习和工作任务,提交学习成果(课堂笔记和作业)、工作成果及体会。

任务完成效果评价表

班级:　　　　　　学号:　　　　　　姓名:　　　　　　组别:

考核方法	从学生查阅资料完成学习任务的主动性、所学知识的掌握程度、语言表述情况等方面进行综合评定;在操作中对学生所做的每个步骤或项目进行量化,得出一个总分,并结合学生的参与程度、所起的作用、合作能力、团队精神、取得的成绩进行评定				
任务考核问题	极不满意	不满意	一般	满意	非常满意
	1	2	3	4	5
1. 驳岸和护坡工程设计					
2. 驳岸和护坡工程施工					
3. 驳岸和护坡工程设计图绘制					
学生自评分:	学生互评分:			教师评价分:	

（续表）

综合评价总分(自评分×0.2＋互评分×0.3＋教师评价得分×0.5)：
学生对该教学方法的意见和建议：
对完成任务的意见和建议：

注：如果对项目的设置、教师在引导项目完成过程中的表现以及完成项目有好的建议，请填写"对完成任务的意见和建议"。

知识拓展

破坏驳岸的主要因素有哪些？

驳岸可以分成湖底以下基础部分、常水位以下部分、常水位与最高水位之间的部分和不淹没的部分，不同部分其破坏因素不同。

湖底以下驳岸的基础部分的破坏原因包括以下几点：

（1）由于池底地基强度和岸顶荷载不一而造成不均匀的沉陷，使驳岸出现纵向裂缝甚至局部塌陷。

（2）在寒冷地区水深不大的情况下，可能由于冰胀而引起基础变形。

（3）木桩做的桩基则因受腐蚀或水底一些动物的破坏而朽烂。

（4）在地下水位很高的地区会产生浮托力影响基础的稳定。

思考与练习

1. 选择学校或附近公园中的一个水体(河湖池塘均可)，收集水体相关资料(平面图、水文、气温、土壤、风力、植被等)，并进行小组汇报。

2. 给该水体进行驳岸和护坡的工程设计。

随堂测验

1. 下面关于园林驳岸的说法正确的是(   )。

A. 沉降缝是避免因温度等变化引起的破裂而设置的缝

B. 垫层为驳岸的承重部分，厚度通常为 400 mm

C. 驳岸结构主要以悬臂式结构为主

D. 墙身常以混凝土、毛石、砖等为材料

2.(多选)根据水位与驳岸的关系，我们可以将驳岸划分为(   )。

A. 湖底以下地基部分

B. 常水位以下部分

C. 常水位与高水位之间部分

D. 高水位以上部分

3. 驳岸常水位与高水位之间部分经受周期性淹没和风浪拍击，使水岸遭受冲刷破坏，影响景观。(   )

A.√   B.×

任务二 人工湖建造

　　湖属于静态水体,有天然湖和人工湖之分。前者是自然的水域景观,如著名的南京玄武湖、杭州西湖、广东星湖等。人工湖则是由人工依地势就低挖掘而成的水域,沿岸因境设景,自然天成图画,如广州珠江公园和一些现代公园的人工大水面。湖的特点是水面宽阔、平静,具有平远开朗之感。此外,湖往往有一定的水深以利于水产。湖岸线和周边天际线较好,还常在湖中利用人工堆土成小岛,用来划分水域空间,使水景层次更为丰富。

学习目标

● 掌握人工湖建造的设计特点。
● 掌握人工湖建造的施工要点。
● 能进行人工湖工程设计。

任务提出

　　图 3-2-1 为某公园人工湖平面图,公园面积约 8000 m²,公园的设计以人工湖水景为主体,其他园林景观(亲水广场、木平台、花架及地形等围绕着水体展开,请为该人工湖湖底做施工图设计。

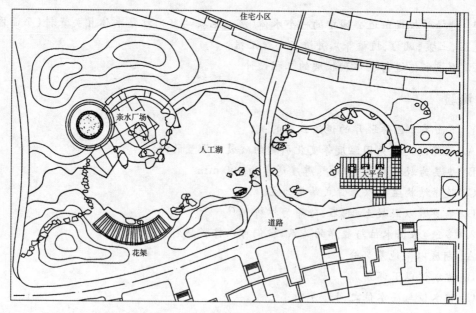

图 3-2-1 某公园人工湖平面图

任务分析

　　建造人工湖,不但增强了景观效果,而且在炎热的夏天起到降低小区温度、增加空气的湿度级负离子的作用,另外,湖中养鱼、天鹅等动物,为小区增添动态的景观。然而住宅小区公园的基质复杂,对于地基渗水严重的地方要铺设薄膜。一般大面积湖底适宜于灰土做法,可减小成本;较小的湖底可以用混凝土做法,用塑料薄膜铺适合湖底渗漏中等的情况。该小区的人工湖面积在 1000 m² 左右,分为左右两个水体,可根据水底基质的渗水情况,作相应处理。

　　任务完成流程:收集资料──→准备工作──→人工湖设计──→人工湖施工要点。

任务实施

步骤一　收集资料
收集的资料包括公园的平面图、竖向设计图、园内和附近地区城市给排水管网的布置资料、土壤土质资料,还要对园林场地进行踏勘和考察,尽量全面地收集与设计相关的资料。

步骤二　准备工作(图板、图纸、绘图工具)
A3 图板、A3 图纸、三角板、丁字尺、针管笔(0.15、0.3、0.6)、钢笔等。

步骤三　人工湖设计

1. 人工湖的平面设计

园林中利用湖体来营造水景,应充分体现湖的水光特色。在平面设计中要注意湖岸线的水滨设计,注意湖岸线的"线形艺术",以自然曲线为主,讲究自然流畅,开合相映。如图 3-2-2 所示是人工湖岸线平面设计的几种基本形式。

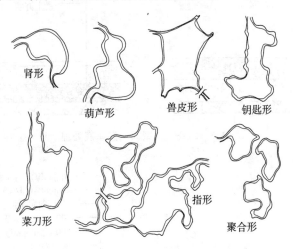

图 3-2-2　人工湖岸线平面设计形式

2. 人工湖的竖向设计

人工湖竖向设计根据水位条件选择合适的排水设施,如水闸、溢流孔(槽)、排水孔等。综合性公园常有湖上泛舟等娱乐活动,因此湖体水位较深。距离驳岸两米范围内设计安全水深,水深 0.7 m。

3. 人工湖的工程设计

(1)水源选择

地表水指一些暴露于地面的水源,如江、河、湖、海、水库等。该水源取水方便、水量丰沛,但是该水源受工业废水、生活污水和各种人为因素的影响,水质较差,该水体若作为生活用水必须经过严格的混凝沉淀、过滤和消毒流程,达到园林各用水点的水质标准。

(2)基址对土壤的选择要求

基址为黏土、砂质黏土、壤土、土质细密、土层深厚或渗透力小的黏土夹层是最适合挖湖的土壤类型。以砾石为主,黏土夹层结构密实的地段,也适宜挖湖。砂土、卵石等容易漏水,应尽量避免在其上挖湖。如漏水不严重,要探明下面透水层的位置深浅,采用相应的截水墙或用人工铺垫隔水层等工程措施。基土为淤泥或草煤层等松软层,须全部挖出。

湖岸立基的土壤必须坚实。黏土虽透水性小,但在湖水到达低水位时,容易开裂,湿时又会形成松软的土层、泥浆,故单纯黏土不能作为湖的驳岸。为实际测量漏水情况,在挖湖前对拟挖湖的基础需要进行钻探,要求钻孔之间的最大距离不得超过 100 m,待土质情况探明后,再决定这一区域是否适合挖湖,或施工时应采取的工程措施。

(3)人工湖的基址

应选择土质细密、土层厚实、渗透力不大的地方作为湖址,如果渗透力较大,必须采取工程措施设置防漏层。常见人工湖底的处理如图 3-2-3、图 3-2-4 所示。

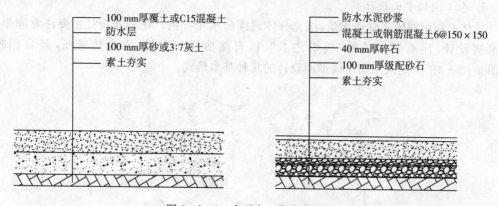

图 3-2-3 大型人工湖岸底处理

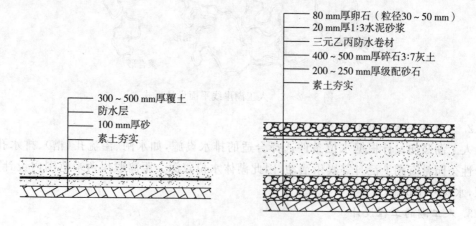

图 3-2-4 中小型人工湖岸底处理

步骤四 人工湖施工要点

1. 认真分析设计图纸,并按设计图纸确定土方量

2. 详细勘查现场,按设计线形定点放线

放线可用石灰、黄沙等材料。打桩时,沿湖池外缘 15～30 cm 打一圈木桩,第一根桩为基准桩,其他桩皆以此为准。基准桩即是湖体的池缘高度。桩打好后,注意保护好标志桩、基准桩,并预先准备好开挖方向及土方堆积方法。

3. 考察基址渗漏状况

好的湖底全年水量损失占水体体积 5%～10%,一般湖底占 10%～20%,较差的湖底占 20%～40%,以此制定施工方法及工程措施。

4. 人工湖底的处理

(1)湖底防渗透处理

如水位过高,施工时可用多台水泵排水,也可通过梯级排水沟排水,由于水位过高,为避免湖底受地下水的挤压而被抬高,必须特别注意地下水的排放。通常用 15 cm 厚的碎石层铺设整个湖底,上面再铺 5～7 cm 厚沙子就足够了。如果这种方法还无法解决,则必须在湖底开挖环状排水沟,并在排水沟底部铺设带孔聚氯乙烯(PVC)管,四周用碎石填塞(如图 3-2-5 所示),会取得较好的排水效果。同时要注意开挖岸线的稳定,必要时用块石或竹木支撑保护,最好做到护坡或驳岸的同步施工。通常基址条件较好的湖底不做特殊处理,适当夯实即可。渗漏性较严重的必须采取工程手段,常见措施为灰土层湖底、塑料薄膜湖底和混凝土湖底等。

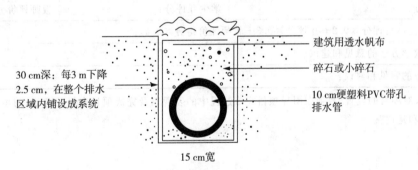

图 3-2-5 PVC 管铺设示意图

(2)湖底的常规处理

常规湖底从下到上一般可以分为基层、防水层、保护层、覆盖层。

① 基层

一般土层经碾压平整即可。沙砾或卵石基层经碾压平后,上面须再铺 15 cm 细土层。如遇有城市生活垃圾等废物应全部清除,用土回填压实。

② 防水层

用于湖底的防水层的材料很多,主要有聚乙烯防水毯、聚氯乙烯防水毯、三元乙丙橡胶、膨润土防水毯、赛柏斯渗合剂、土壤固化剂等。

③ 保护层

在防水层上铺 15 cm 过筛细土,以保护塑料膜不被破坏。

④ 覆盖层

在保护层上覆盖 50 cm 回填土,防止防水层被撬动。其寿命可保持 10～30 年。

步骤五　施工图设计实训

参考图 3-2-1 某公园人工湖平面图,对该人工湖进行驳岸和湖底施工图设计。

任务完成和效果评价

学生按照既定计划按步骤完成学习和工作任务,提交学习成果(课堂笔记和作业)、工作成果及体会。

任务完成效果评价表

班级:　　　　　学号:　　　　　姓名:　　　　　组别:

考核方法	从学生查阅资料完成学习任务的主动性、所学知识的掌握程度、语言表述情况等方面进行综合评定;在操作中对学生所做的每个步骤或项目进行量化,得出一个总分,并结合学生的参与程度、所起的作用、合作能力、团队精神、取得的成绩进行评定				
任务考核问题	极不满意	不满意	一般	满意	非常满意
	1	2	3	4	5
1. 人工湖的平面设计					
2. 人工湖防渗透设计					
3. 人工湖常规施工图设计					
学生自评分:	学生互评分:			教师评价分:	
综合评价总分(自评分×0.2+互评分×0.3+教师评价得分×0.5):					
学生对该教学方法的意见和建议:					
对完成任务的意见和建议:					

注:如果对项目的设置、教师在引导项目完成过程中的表现以及完成项目有好的建议,请填写"对完成任务的意见和建议"。

知识拓展

1. 水面蒸发量的测定和估算

人工湖水量损失主要是由于风吹、蒸发、溢流、排污和渗漏等原因造成的损失。对于较大的人工湖,湖面的蒸发量是非常大的,为了合理设计人工湖的补水量,测定湖面水分蒸发量是很有必要的。目前我国主要采用 E-601 型蒸发器测定水面的蒸发量,但其测得的数值比水体实际的蒸发量大,因此须采用折减系数,年平均蒸发折减系数一般取 0.75～0.85。

水面蒸发量也可用下面公式估算:

$$E = 0.22(1 + 0.17W_{200}^{1.5})(e_0 - e_{200})$$

式中:E——水面蒸发量;

e_0——对应水面温度的空气饱和水汽压(Pa);

e_{200}——水面上空 200 cm 处空气水汽压(Pa);

　　W_{200}——水面上空 200 cm 处的风速（m/s）。

　　2. 人工湖渗漏损失

　　水景设计时，只有了解整个湖底、岸边的地质和水文情况后，才能对整个人工湖渗漏的总水量进行估算。全年水量损失占水体体积的百分比为 5%～10% 时，渗透损失良好；为 10%～20% 时，渗透损失中等；为 20%～40% 时，渗透损失差。

思考与练习

　　1. 人工湖基址对土壤有哪些要求？

　　2. 人工湖的施工要点有哪些？

随堂测验

　　1. 水深应由水体功能决定，如划船为（　　）m

　　A. 0.5～1　　　　　　B. 1～1.5　　　　　　C. 1.5～3　　　　　　D. 0～0.5

　　2. 人工湖湖底设计中小面积的湖底，采用（　　），大面积湖底采用（　　）。

　　A. 混凝土湖底　　　　　　　　　　B. 小池翻升新湖底

　　C. 灰土湖底　　　　　　　　　　　D. 聚乙烯薄膜湖底

　　3. 人工水体近岸 2 m 范围内设置安全水深，水深不得大于（　　）。

　　A. 0.5 m　　　　　　B. 0.7 m　　　　　　C. 1.2 m　　　　　　D. 1.5 m

任务三 溪流工程设计与施工

溪流是线形的水态,它源于山区的池潭沟壑,受流域面积的制约,不同情况的溪流形态差异很大。有的长可达百里,短则仅数米或数十米,但一般多曲折,无论水量大小,总是流动的,或急流湍湍,或涓涓淙淙。

溪流旁两岸自然生长着的树木花草,不仅可以营造林木葱翠、花草丛生、形美色艳、气味清香的环境,还可以因这些溪石、植物、动物而产生水声、风声、鸟语、蛙鸣的意境,故溪水本身就是一处十分完美的生态美景。

在人工园林中引入、借鉴或仿造诸多的自然溪流因素,再赋以人文的内涵,则定能创造出十分丰富、理想而意味深长、文化意蕴高雅的一种水态。

学习目标

- 了解园林溪流的特点。
- 掌握园林溪流工程的设计知识。
- 掌握园林溪流工程的施工要点。

任务提出

图3-3-1为一住宅小区绿地设计溪流平面图,请为该小区绿地设计溪流平面图以及溪流工程结构设计图,绘制1—1、2—2、3—3剖面图。

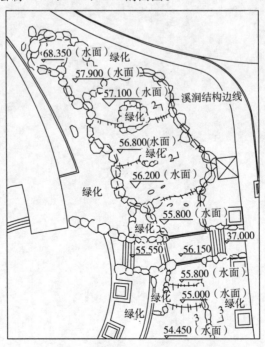

图3-3-1 住宅小区绿地设计溪流平面图

任务分析

溪流是带状流动的水体,在为溪流设计平面形态时,要注意线条的曲折、弧线的大小变化、水体高低的变化,以体现溪流的柔美活泼的形态。在做结构施工图时,要注意分析该绿地的地形变化,以利用其高差塑造跌水;同时还要做好溪底防水层的处理、溪面的装饰等。

任务完成流程:准备工作──→溪流工程的设计──→溪流工程的施工──→绘制溪流平面图。

任务实施

步骤一　准备工作(图板、图纸、绘图工具)

A3 图板、A3 图纸、三角板、丁字尺、针管笔(0.2、0.4、0.6)、钢笔、铅笔等。

步骤二　溪流工程的设计

1. 溪流工程的平面设计

园林中的小溪是自然界溪流的艺术再现,是连续的带状动态水体。小溪多为曲折狭长的带状水面,有强烈的宽窄对比;溪中常分布汀步、小桥、滩地、点石等,并有随流水走向的若隐若现的小路。清溪浅而宽,轻松愉快,柔和如意。如将清溪加深变窄,则成为"涧",涧水量充沛,水流急湍,扣人心弦。

从溪流的平面设计形式,大致可以表现以下几项内容:

(1)带状狭长形

曲折流畅,水面的宽窄变化丰富,从而造成水面窄则水流急,水面宽则水流缓的变化。如图 3-3-2,水流平流时对坡岸产生的冲刷力最小,随着弯半径的加大,则水对迎水面岸坡的冲刷力增大。因此,溪流设计时,对弯道的弯曲半径有一定的要求。

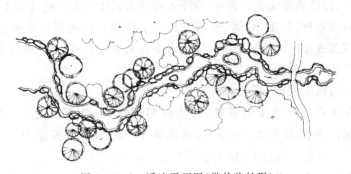

图 3-3-2　溪流平面图(带状狭长形)

(2)点线结合

线状的溪流上常分布着沙心滩、河漫滩、小岛、堤、石等,岸边设岩石、石叽、卵石滩等,如图 3-3-3。

(3)线线结合

岸边线状的小径(见图 3-3-4)与线状的溪流时而平行,时而交错,随流水走向若接若离。小径遇水则架桥,设汀步,以供涉水;临岸则设阶梯、平台,以供戏水。

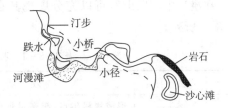

图 3-3-3　溪流平面图(点线结合)

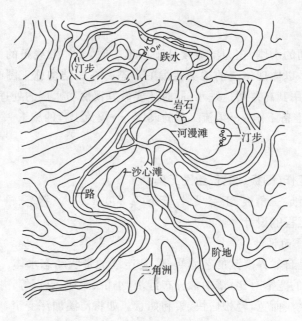

图 3-3-4 溪流平面图(线线结合)

2. 溪流工程的竖向设计

(1)溪流工程的深度设计

对游人可能涉入的溪流,其水深应设计在 30 cm 以下,以防儿童溺水。同时,水底应做防滑处理。另外,对不仅用于儿童嬉水,还可游泳的溪流,应安装过滤装置(一般可将瀑布、溪流、水池的循环、过滤装置集中设置)。对于不可涉入式溪流水深超过 0.4 m 时,应在溪流边采取防护措施(如栏杆、扶手、绿篱、矮墙等),为了使居住区内环境景观在视觉上更为开阔,可适当增大宽度或使溪流蜿蜒曲折。溪流水岸宜采用散石和块石,并与水生或湿地植物相结合,减少人工造景的痕迹。

(2)溪流工程的坡度设计

溪流最好选择有一定坡度的基址,并依流势而设计,急流处为 3% 左右,缓流处为 0.5%~1%,普通的溪流多为 0.5% 左右,溪流宽 1~3 m,平均流量为 0.5 m³/s,流速为 20 cm/s。据经验,一条长 30 m 的小溪需要一个 3.8 m³ 的蓄水池。

(3)溪流工程的动态效果

在溪流中配以山石可以充分展现其自然风格,石景在溪流中所起到的景观效果见表 3-3-1所列。

表 3-3-1 石景在溪流中的景观效果

序号	名 称	效 果	应用部位
1	主景石	形成视线焦点,起到对景作用,点题,说明溪流名称及内涵	溪流的首尾或转向处
2	隔水石	形成局部小落差和细流声响	铺在局部水线变化位置

（续表）

序号	名　称	效　果	应用部位
3	切水石	使水产生分流和波动	不规则布置在溪流中间
4	破浪石	使水产生分流和飞溅	用于坡度较大、水面较宽的溪流
5	河床石	观赏石材的自然造型和纹理	设在水面下
6	垫脚石	具有力度感和稳定感	用于支撑大石块
7	横卧石	调节水速和水流方向，形成隘口	溪流宽度变窄和转向处
8	铺底石	美化水底，种植苔藻	多采用卵石、砾石、水刷石、瓷砖铺在基底上
9	踏步石	装点水面，方便步行	横贯溪流，自然布景

在溪流设计中，通过在溪道中散点山石可以创造不同景观，如图3-3-5所示。

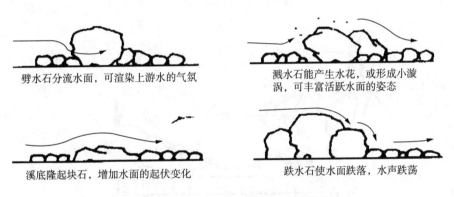

图3-3-5　利用散点山石创造不同景观

同时，可利用溪底粗糙情况不同产生不同的景观效果（见图3-3-6），如常在园林中上游溪底布置大小不一的粗糙山石，使水面上下翻银浪，欢快活跃，下游溪底石块则光滑圆润、大小一致，使水面温和平静。

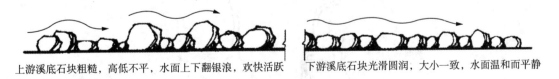

图3-3-6　溪底粗糙情况不同产生不同景观

（4）小溪护岸工程

小溪弯道处中心线弯曲半径一般不小于设计水面宽的5倍，有铺砌的河道弯曲半径不小于水面宽的2.5倍。

弯道的超高一般不宜小于0.3 m，最小为0.2 m，折角、转角处其角度不应小于90°。

3. 溪流工程的结构设计

(1)溪流常见结构设计(见图3-3-7、图3-3-8、图3-3-9、图3-3-10)

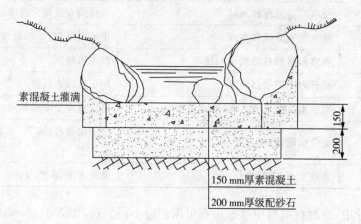

素混凝土灌满

150

200

150 mm厚素混凝土

200 mm厚级配砂石

图3-3-7 自然山石草坡溪流结构设计(单位:mm)

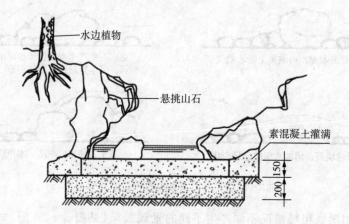

水边植物

悬挑山石

素混凝土灌满

150

200

图3-3-8 自然山石溪流结构设计(单位:mm)

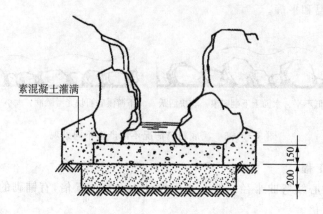

素混凝土灌满

150

200

图3-3-9 峡谷溪流结构设计(单位:mm)

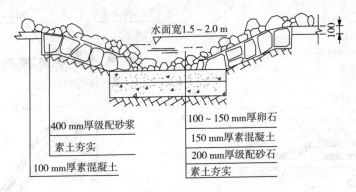

图 3-3-10 自然山石溪流结构设计(单位:mm)

(2)溪流刚性结构设计(图 3-3-11)

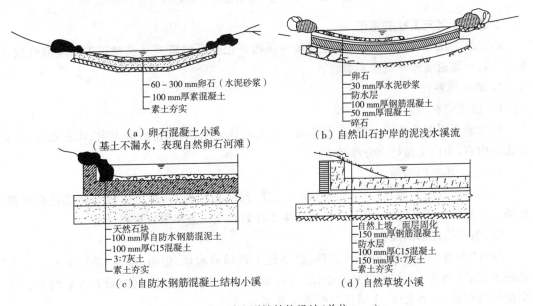

图 3-3-11 溪流刚性结构设计(单位:mm)

(3)溪流柔性结构设计(图 3-3-12)

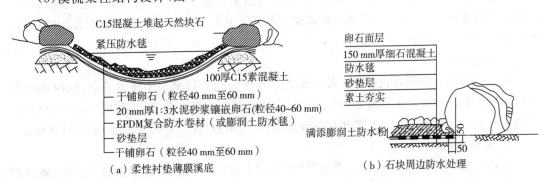

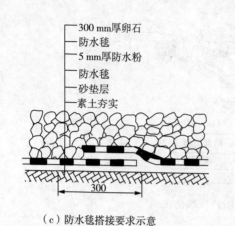

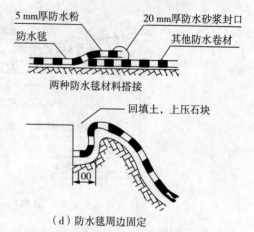

（c）防水毯搭接要求示意　　　　　　（d）防水毯周边固定

图 3-3-12　溪流柔性结构设计及局部节点大样图（单位：mm）

步骤三　溪流工程的施工

溪流施工流程：施工准备→溪道放线→溪槽开挖→溪底施工→溪壁施工→溪道管线及水泵安装→溪道装饰→试水及验收。

1. 施工准备

（1）图纸资料的确认

溪流的平面图形曲折多变，高差渐减。认真阅读图纸，掌握溪流的走向、水面宽度、高差变化等内容，为施工做好充分准备。

（2）施工场地的踏勘

认真勘察现场的地貌特征、地质情况、道路管线、地形标高、施工区域与图纸是否相符、现场是否具备施工条件等，为下一步制定施工计划和施工方案做好资料准备。

（3）施工前现场的准备工作

做好"四通一平"的准备工作，"四通"是施工现场的水通、电通、路通、通讯要通；"一平"是施工现场要平整，并搭建材料作业棚、材料堆放场地及材料仓库，同时设置好临时办公区、生活区及作业区，办公区、生活区与作业区分离。

（4）施工人员、工具、材料的准备

为提高施工的质量和效率，在溪流施工前，对施工人员进行相关的施工工艺、验收标准、注意事项等事项培训，并由专人进行技术交底和任务分配。同时根据施工组织方案的计划，准备好施工工具及材料。

2. 溪道放线

依据小溪设计图纸，用白粉笔、黄沙或绳子等在地面上勾画出小溪的轮廓，同时确定小溪循环用水的出水口和承水池间的管线走向。由于溪道宽窄变化多，放线时应加密打桩量，特别是转弯点。各桩要标注清楚相应的设计高程，变坡点（即设计跌水之处）要做特殊标记。

3. 溪槽开挖

溪槽要按设计要求开挖，最好掘成"U"形坑，因小溪多数较浅，表层土壤较肥沃，要注意将表土堆放好，作为溪涧种植用土。

溪道开挖要求有足够的宽度和深度,以便安装散点石。溪道挖好后,必须将溪底基土夯实,溪壁拍实。如果溪底用混凝土结构,先在溪底铺10~15 cm厚碎石层作为垫层。

4. 溪底施工

(1)混凝土结构

在碎石垫层上铺上沙子(中沙或细沙),垫层2.5~5 cm,盖上防水材料(EPDM、油毡卷材等),然后现浇混凝土(水泥标号、配比参阅水池施工),厚度10~15 cm(北方地区可适当加厚),其上铺M7.5水泥砂浆,约3 cm厚,然后再铺素水泥浆,2 cm厚,按设计种上卵石即可。槽要按设计要求开挖,最好掘成"U"形坑,因小溪多数较浅,表层土壤较肥沃,要注意将表土堆放好,作为溪涧种植用土。

(2)柔性结构

如果小溪较小,水又浅,溪基土质良好,可直接在夯实的溪道上铺一层2.5~5 cm厚的沙子,再将衬垫薄膜盖上。衬垫薄膜纵向的搭接长度不得小于30 cm,留于溪岸的宽度不得小于20 cm,并用砖、石等重物压紧。最后用水泥砂浆把石块直接粘在衬垫薄膜上。

5. 溪壁施工

溪岸可用大卵石、砾石、瓷砖、石料等铺砌处理。和溪道底一样,溪岸也必须设置防水层,防止溪流渗漏。如果小溪环境开朗,溪面宽、水浅,可将溪岸做成草坪护坡,且坡度尽量平缓。临水处用卵石封边即可。

6. 溪道管线及水泵安装

为提高溪流的景观效果,溪流的出水口、管线及水泵等设施应进行隐藏。提前预埋的管线要有合理的位置和深度,并严格检验其质量。而后期安装的管线和设备要遵循相关施工程序,管线安装后要进行密封,并注意做好防水施工。

7. 溪道装饰

为使溪流更自然有趣,可用少量鹅卵石放在溪床上,这会使水面产生轻柔的涟漪。同时按设计要求进行管网安装,最后点缀少量景石,配以水生植物,饰以小桥、汀步等建筑小品。

8. 试水及验收

(1)试水前应全面清洁溪道和检查管路的安装情况。

(2)给水检验:打开水源,检验水泵及喷头等设备运转是否正常,同时观察水流及岸壁,检查防水效果是否达到设计要求,检验有无渗漏。特别注意观察溪底和溪壁的防水效果。

(3)排水检验:检查排水孔、溢水口及排水道是否顺畅。

(4)验收:严格遵循图纸设计要求和相关验收规定,对不及格的工程要限期返工。

步骤四　绘制溪流平面图

根据所学的知识,为小区的溪流绘制施工平面图。

任务完成和效果评价

学生按照既定计划按步骤完成学习和工作任务,提交学习成果(课堂笔记和作业)、工作成果及体会。

任务完成效果评价表

班级：　　　　　　学号：　　　　　　姓名：　　　　　　组别：

考核方法	从学生查阅资料完成学习任务的主动性、所学知识的掌握程度、语言表述情况等进行综合评定；在操作中对学生所做的每个步骤或项目进行量化，得出一个总分，并结合学生的参与程度、所起的作用、合作能力、团队精神、取得的成绩进行评定				
任务考核问题	极不满意	不满意	一般	满意	非常满意
	1	2	3	4	5
1. 溪流工程的设计					
2. 溪流工程的施工					
3. 溪流工程设计图的绘制					
学生自评分：	学生互评分：			教师评价分：	
综合评价总分(自评分×0.2＋互评分×0.3＋教师评价得分×0.5)：					
学生对该教学方法的意见和建议：					
对完成任务的意见和建议：					

注：如果对项目的设置、教师在引导项目完成过程中的表现以及完成项目有好的建议，请填写"对完成任务的意见和建议"。

知识拓展

什么是滚槛？滚槛的做法？

槛本意是门下的横木，滚槛是指横卧于溪底的滚水坝，使水越过横石翻滚而下形成急流。园林造景中常在溪流中应用，利用水的音响效果渲染气氛。依据落水的形式槛分为直墙式与斜坡式，它们各形成不同的浪花。滚槛的设计常与置石相结合，滚槛一般结构如图3-3-13～图3-3-16所示。

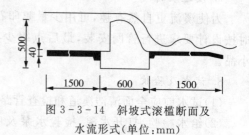

图 3-3-13　直墙式滚槛断面及
水流形式(单位:mm)

图 3-3-14　斜坡式滚槛断面及
水流形式(单位:mm)

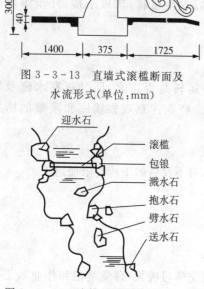

图 3-3-15　滚槛的平面图(单位:mm)

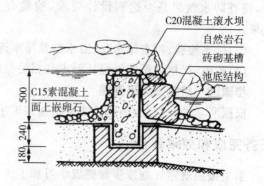

图 3-3-16　滚槛的结构(单位:mm)

思考与练习

图 3-3-17 为某小型溪流平面图及剖面图,请参考后绘制其 $A-A$、$B-B$ 剖面图。

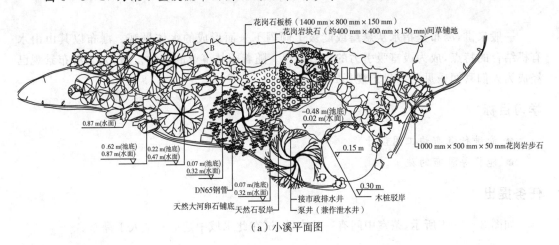

（a）小溪平面图

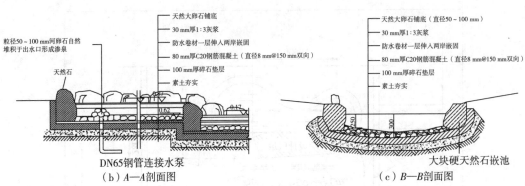

DN65钢管连接水泵
（b）$A-A$剖面图

大块硬天然石嵌池
（c）$B-B$剖面图

图 3-3-17　溪流施工图（单位：mm）

随堂测验

1. 对游人可能涉入的溪流,其水深应设计在(　　　)。

A. 30 cm 以下　　　B. 40 cm 以下　　　C. 50 cm 以下　　　D. 60 cm 以下

2. 溪流依流势而设计坡度,急流处(　　　),溪流处(　　　)。

A. 3‰左右　　　B. 0.5‰～1‰　　　C. 0.5‰左右　　　D. 10‰左右

任务四 瀑布工程设计与施工

一般来讲,瀑布是指水从悬崖或陡坡上倾泻下来而形成的水体景观。瀑布以其由山水有机结合的特点,成为极富吸引力的自然景观。随着园林事业的蓬勃发展,人工瀑布景观已经成为人们喜闻乐见的水景景观形式。

学习目标

- 能进行瀑布施工图设计。
- 能指导瀑布的施工。

任务提出

如图 3-4-1 所示,茶室中间有一片水域,试在此水域中建造一个人工瀑布。

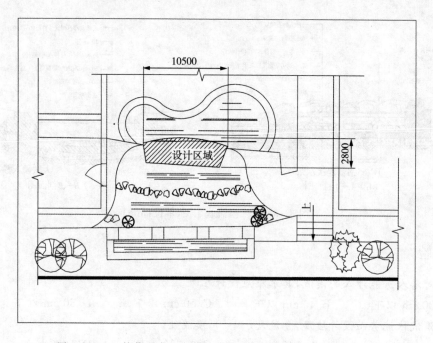

图 3-4-1 某茶室中心水域人工瀑布设计总平面图(单位:mm)

任务分析

此水域中间的人工瀑布大小为 10.5 m×2.8 m。首先要根据其地块做好初步方案设计,确定方案后进行施工图设计,确定瀑布的高度和宽度,选择水泵,设计蓄水池和盛水池的结构,然后严格按照施工图进行组织施工。

任务完成流程:准备工作——→瀑布工程设计常识——→瀑布施工图设计——→瀑布施工。

任务实施

步骤一 准备工作

准备图板、图纸、绘图工具和电脑制图工具等。

步骤二 瀑布工程设计常识

1. 瀑布的构成

瀑布是一种自然现象,是河床造成陡坎,水从陡坎处滚落下跌时,形成优美动人或奔腾咆哮的景观,因遥望下垂如布,故称瀑布。

瀑布一般由背景、上游积聚的水源、落水口、瀑身、承水潭及下游的溪水构成,如图3-4-2所示。人工瀑布常以山体上的山石、树木组成浓郁的背景,上游积聚的水(或水泵动力提水)流至落水口,落水口也称瀑布口,其形状和光滑程度影响瀑布的水态,其水流量是瀑布设计的关键。瀑身是观赏的主体,落水后形成深潭经小溪流出。

图3-4-2 瀑布的构成

2. 瀑布的形式

瀑布的设计形式种类比较多,如在日本园林中就有布瀑、跌瀑、线瀑、直瀑、射瀑、泻瀑、分瀑、双瀑、偏瀑、侧瀑等十几种。瀑布种类的划分依据,一是可从流水的跌落方式来划分,二是可从瀑布口的设计形式来划分。

(1)按瀑布跌落方式分为4种(如图3-4-3所示)

① 直瀑:即直落瀑布。这种瀑布的水流不间断地从高处直接落入其下的池、潭水面或石面。若落在石面,就会产生飞溅的水花四散洒落。直瀑的落水能够造成声响喧哗,可为园林环境增添动态水声。

② 分瀑:实际上是瀑布的分流形式,因此又叫分流瀑布。它是由一道瀑布在跌落过

程中受到中间物阻挡一分为二,再分成两道水流继续跌落。这种瀑布的水声效果也比较好。

③ 跌瀑:也称跌落瀑布,是由很高的瀑布分为几跌,一跌一跌地向下落。跌瀑适宜布置在比较高的陡坡坡地,其水形变化较直瀑、分瀑都大一些,水景效果的变化也多一些,但水声要稍弱一点。

④ 滑瀑:就是滑落瀑布。其水流顺着一个很陡的倾斜坡面向下滑落。斜坡表面所使用的材料质地情况决定着滑瀑的水景形象。

(2)按瀑布口的设计形式分为 3 种(如图 3-4-3 所示)

① 布瀑:瀑布的水像一片又宽又平的布一样飞落而下。瀑布口的形状设计为一条水平直线。

② 带瀑:从瀑布口落下的水流,组成一排水带整齐地落下。瀑布口设计为宽齿状,齿排列为直线,齿间的间距全部相等。齿间的小水口宽窄一致,都在一条水平线上。

③ 线瀑:排线状的瀑布水流如同垂落的丝帘,这是线瀑的水景特色。线瀑的瀑布口形状设计为尖齿状。尖齿排列成一条直线,齿间的小水口呈尖底状。

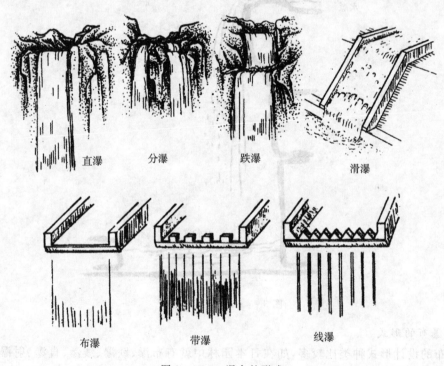

图 3-4-3 瀑布的形式

3. 瀑布用水量的估算

人工建造瀑布,其用水量较大,因此多采用水泵循环供水方式。其用水量标准可参阅表3-4-1。

水源要达到一定的供水量,据经验,高 2 m 的瀑布,每米宽度的流量约为 0.5 m^2/min 较为适宜。

表 3 - 4 - 1 瀑布用水量

瀑布落水高度/m	蓄水池水深/m	用水量/L·s⁻¹	瀑布落水高度/m	蓄水池水深/m	用水量/L·s⁻¹
0.30	6	3	3.00	19	7
0.90	9	4	4.50	22	8
1.50	13	5	7.50	25	10
2.10	16	6	>7.50	32	12

4. 瀑布的设计要点

(1)筑造瀑布景观,应师法自然,以自然的瀑布作为造景砌石的参考,体现自然情趣。

(2)设计前需先行勘查现场地形,以决定大小、比例及形式,并依此绘制平面图。

(3)瀑布设计有多种形式,筑造时要考虑水源的大小、景观主题,并依照岩石组合形式的不同进行合理的创新和变化。

(4)庭园属于平坦地形时,瀑布不要设计得过高,以免看起来不自然。

(5)为节约用水,减少瀑布流水的损失,可装置循环水流系统的水泵,平时只需补充一些因蒸散而损失的水量即可。

(6)应以岩石及植物隐蔽出水口,切忌露出塑胶水管,否则将破坏景观的自然。

(7)岩石间的固定除用石与石互相咬合外,目前常以水泥强化其安全性,但应尽量以植栽掩饰,以免破坏自然山水的意境。

步骤三 瀑布施工图设计

1. 确定瀑布的高度和宽度

高度为 2.5 m,宽度为 2.1 m。这是假山上面的瀑布,瀑布的高度和宽度要与假山的体量及瀑布所在的环境相协调,如图 3 - 4 - 4 所示。

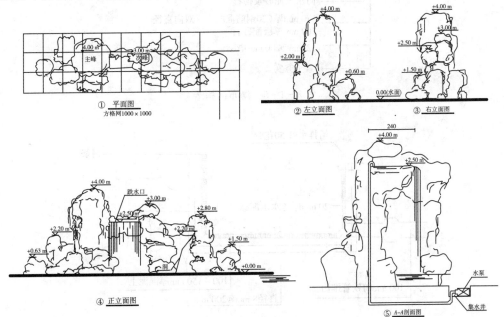

图 3 - 4 - 4 瀑布施工图

2. 瀑布构造设计(如图 3-4-5、图 3-4-6 所示)

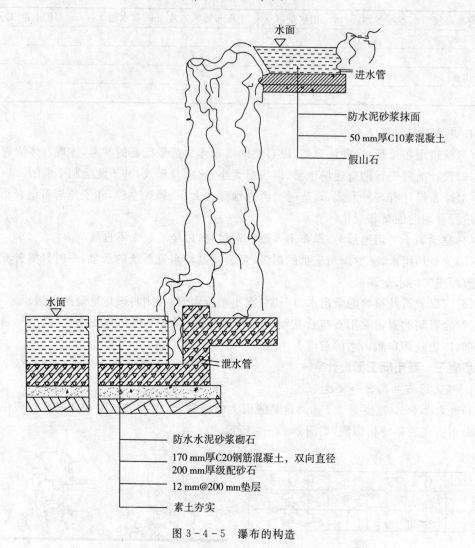

图 3-4-5 瀑布的构造

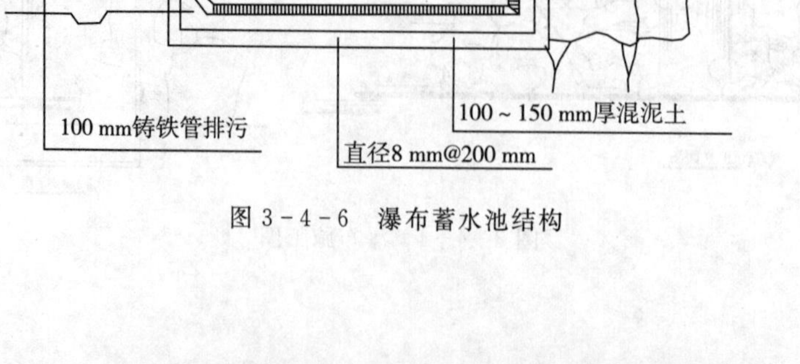

图 3-4-6 瀑布蓄水池结构

3. 选择水泵和给水管

通过流量(瀑布高度 2.5 m,查表瀑布的流量为 6.5 L/s),扬程 2.5 m,选 5 kW 的水泵。给水管 DN32 的 PVC 管,压力为 1.25 kg/cm²。

4. 顶部蓄水池设计

蓄水池的容积要根据瀑布的流量来确定,要形成较壮观的景象,就要求其容积大;相反,如果要求瀑布薄如轻纱,就没有必要太深、太大。图 3-4-6 为蓄水池结构。

5. 承水潭设计

瀑布承水潭高度至少应是瀑布高度的 2/3,即 $B=2/3H$,以防水花溅出,且保证落水点为池的最深部位。如需安装照明设备,其基本水深应在 30 cm 左右。

6. 瀑布供水及排水系统设计

(1)循环水泵:人造瀑布的水量必须循环使用,循环水泵常用潜水泵直接隐蔽安装在承水潭中。潜水泵的流量与扬程须进行水力计算,满足瀑布流量与跌落高差的需要,如图 3-4-7 所示。

(2)循环管道系统:包括输水管道与穿孔管。穿孔管隐蔽铺设在水源蓄水池内,其长度等于堰口的宽度。

(3)净水设备:瀑布在循环使用过程中,受灯光或日光照射、大气沉降、地面杂质、底衬材料等的污染,污染物主要是藻类、无机悬浮物及细菌等,需要定期对水池进行净化处理与

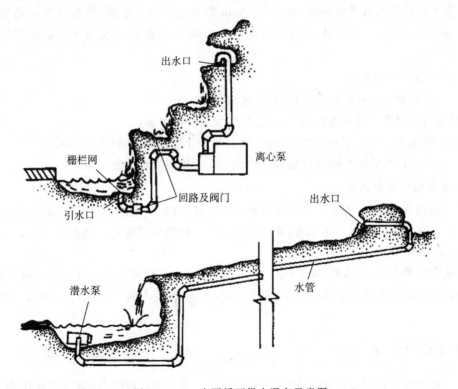

图 3-4-7　水泵循环供水瀑布示意图

消毒。

步骤四 瀑布施工

1. 现场放线

进行现场的踏勘,熟悉施工图纸,用石灰在地上绘制出瀑布的轮廓。注意落水口和承水潭的高程关系(用水准仪校对),放出顶部蓄水池和承水潭的平面位置,注意循环供水线路的走向。同时要将落水口前的高位水池用石灰或沙子放出。如属假山型瀑布,平面上应将掇山位置采用"宽打窄用"的方法做出外形,这类瀑布施工最好先按比例做出模型,以便施工时参考。

2. 管线的安装

对于埋地管可结合瀑道基础施工同步进行。各连接管(露地部分)在浇混凝土1~2天后安装,出水口管段一般待山石推掇完毕后再连接。

3. 蓄水池的施工

采用混凝土做法。在碎石垫层上铺上沙子(中沙或细沙),垫层厚2.5~5 cm,盖上防水材料(EPDM、油毡卷材等),然后现浇混凝土(水泥标号、配比参阅水池施工),厚度为10~15 cm(北方地区可适当加厚),其上铺M7.5水泥砂浆约3 cm,然后再铺素水泥浆2 cm,按设计铺贴相应面材即可。

4. 承水潭的施工

首先用电动夯实机夯实基础,铺上200 mm厚的级配砂石垫层,再现浇钢筋混凝土,最后用防水砂浆砌卵石。施工时,凡瀑布流经的岩石缝隙应堵死,以免将土冲刷至潭中,影响瀑布的水质。

5. 瀑布落水口的处理

(1)用不锈钢或者青铜制成堰唇,使落水口平整、光滑。

(2)适当增加堰顶蓄水池的深度,以形成较为壮观的瀑布。

(3)堰顶蓄水池可采用花管供水,或在出水口设计挡水板,从而降低流速。

(4)将出水口处的山石做拉道处理,凿出细沟,使瀑布呈现丝带滑落。

6. 瀑布的装饰与试水

就结构而言,凡瀑布流经的岩石缝隙都必须封死,以免泥土冲刷至潭中,影响瀑布水质。瀑布一般不宜采用白色材料作饰面,如白色花岗岩。利用料石或花砖铺砌墙体时,必须密封勾缝,避免墙体"起霜"。

若给瀑布种上卵石、水草,铺上净沙、散石,必要时安装灯光系统。试水前将瀑布管道全面清洁,检查管路的安装情况。然后打开水源,注意观察水流,符合要求,即瀑布的施工合格。

任务完成效果评价

学生按照既定计划按步骤完成学习和工作任务,提交学习成果(课堂笔记和作业)、工作成果及体会。

任务完成效果评价表

班级：　　　　　学号：　　　　　姓名：　　　　　组别：

考核方法	从学生查阅资料完成学习任务的主动性、所学知识的掌握程度、语言表述情况等方面进行综合评定；在操作中对学生所做的每个步骤或项目进行量化，得出一个总分，并结合学生的参与程度、所起的作用、合作能力、团队精神、取得的成绩进行评定				
任务考核问题	极不满意	不满意	一般	满意	非常满意
	1	2	3	4	5
1. 瀑布方案设计					
2. 瀑布施工图设计					
3. 瀑布施工细节					
学生自评分：	学生互评分：			教师评价分：	
综合评价总分(自评分×0.2＋互评分×0.3＋教师评价得分×0.5)：					
学生对该教学方法的意见和建议：					
对完成任务的意见和建议：					

注：如果对项目的设置、教师在引导项目完成过程中的表现以及完成项目有好的建议，请填写"对完成任务的意见和建议"。

知识拓展

瀑布给水是瀑布工程中的首要问题，瀑布的水源主要有：

(1)直接利用城市自来水，用后及时排水，但投资成本高。

(2)利用天然地形的水位差，这种水源要求建园范围内有泉水、溪流、河道等。

(3)水泵循环供水，这是比较经济的一种给水方法。

不论何种水源均要达到一定的供水量。根据经验，高 2 m 的瀑布，每米宽度的流量约为 $0.5 \, m^3/min$ 较为适宜。

思考与练习

1. 试在校园人工湖中建造一个瀑布工程，先进行方案设计，再对其进行施工图设计。

2. 参与某人工瀑布的施工。

随堂测验

1. 瀑布承水潭宽度至少应是瀑布高的(　　　)，以防水花溅出。

A.1/2　　　　　B.2/3　　　　　C.3/4　　　　　D.4/5

2.(多选)瀑布结构上主要组成部分有(　　　)。

A. 蓄水池　　　B. 承水潭　　　C. 瀑身　　　D. 落水口

E. 水泵

任务五　喷泉工程设计与施工

喷泉是园林理水的手法之一,它是利用压力使水从孔中喷向空中,再自由落下的一种优异的造园水景工程,它以壮观的水姿、奔放的水流、多变的水形,深得人们喜爱。近年来,由于技术的进步,出现了多种造型喷泉、构成抽象形体的水雕塑和强调动态的活动喷泉等,大大丰富了喷泉构成水景的艺术效果。在我国,喷泉已成为园林绿化、城市及地区景观的重要组成部分,越来越得到人们的重视和欢迎。

学习目标

- 熟悉喷泉施工图的设计方法。
- 掌握喷泉施工程序和要求。

任务提出

如图 3-5-1 所示,某单位办公楼广场前有一圆形水池,试进行施工图设计并建造水池中的喷泉。

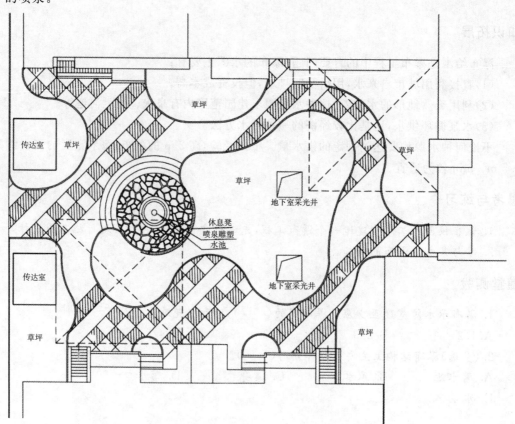

图 3-5-1　某单位办公楼广场局部平面图

任务分析

喷泉是一种将水或其他液体经过一定压力通过喷头喷洒出来具有特定形状的水景,喷泉提供水压动力的一般为水泵。要建造喷泉,首先要在方案设计的基础上进行施工图设计,主要是选择喷头形式,确定喷水高度,选择水泵,确定管道布置形式,设计喷泉控制方式,最后按照施工图进行施工。

任务完成流程:准备工作——→喷泉工程设计——→喷泉工程施工。

任务实施

步骤一　准备工作

1. 图板、图纸、电脑等制图工具的准备

2. 喷泉工程施工材料的准备

(1)水管

喷泉管道一般为钢管(镀锌钢管)、UPVC 给水管。钢管规格见表 3-5-1 所列。

表 3-5-1　钢管规格(常用管径尺寸)

内径	15	20	25	32	40	50	70	80	100	125	150	200
英寸	1/2	3/4	1	1 1/4	1 1/2	2	2 1/2	3	4	5	6	8
俗称	4分	6分	1寸	1寸2	1寸半	2寸	2寸半	3寸	4寸	5寸	6寸	8寸

(2)水管附件

① 钢管连接件

直通(接头):分为等径和变径两种。

分枝:分为三通和四通两种,管口直径有等径和变径两种。

方向改变:分为 90°和 45°弯头。

② 水流控制件

闸阀:调节管道的水量和水压的重要设备。

手阀:以手动的方式来控制阀门的开阀。

电磁阀:通过电流来控制阀门之开闭。

(3)水泵

水泵是用来给喷泉管道输送压力水的设备。在工农业生产中,水泵是一种提水机械,用于将低处的水提到高处。喷泉系统中一般采用水泵为离心泵和潜水泵。

① 离心泵

离心泵工作原理是依靠泵内的叶轮旋转所产生的离心力将水吸入并压出。它结构简单,使用方便,扬程选择范围大,应用广泛,常用 LS 型、DB 型。

离心泵的基本参数可从泵上铭牌可知其性能,如图 3-5-2 所示。

② 潜水泵

潜水泵使用方便,安装简单,不需要建造泵房,用于较小型的喷泉,主要型号有 OY 型、QD 型、B 型等。

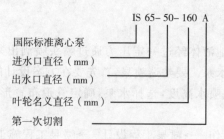

图 3-5-2 离心泵的基本参数

步骤二 喷泉工程设计

1. 喷泉的布置形式

喷泉有很多种类和形式,如果进行大体上的区分,可以分为如下几类。

(1)普通装饰性喷泉:它是由各种普通的水花图案组成的固定喷水型喷泉。

(2)与雕塑结合的喷泉:喷泉的各种喷水花与雕塑、观赏柱等共同组成景观。

(3)水雕塑:用人工或机械塑造出各种大型水柱的姿态。

(4)自控喷泉:一般用各种电子技术,按设计程序来控制水、光、音、色形成多变奇异的景观。

(5)除了以上类型以外,还有高喷泉、旱喷泉、叠泉、音乐喷泉、跑泉、跳泉、浮动喷泉、小品泉、意动泉、音乐跑泉等,还可以通过喷雾形成独特的水景。

2. 喷泉的基本组成及工作原理

一个完整的喷泉系统一般由喷头、管道、水泵三部分组成。

喷泉工程工作原理:水泵吸入池水并对水加压,然后通过管道将有一定压力的水输送到喷头处,最后水从喷头出水口喷出。由于喷头类型不同,其出水的形状也不同,因而喷出的水流呈现出各种不同的形态(图 3-5-3)。

如果要考虑夜间效果,喷泉中还要布置灯光系统,主要用水下彩灯和陆上射灯组合照明。

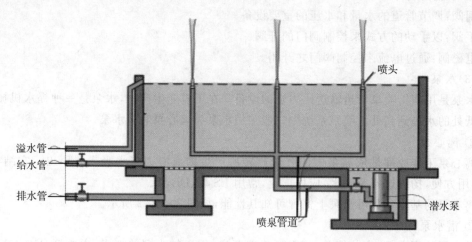

(a)喷泉工作原理图(潜水泵)

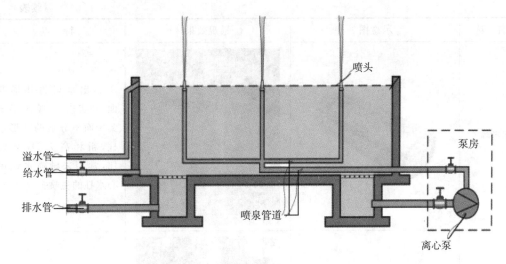

（b）喷泉工作原理图（离心泵）

图 3-5-3 喷泉基本组成及工作原理

3. 喷头的类型及喷泉的水形

（1）喷头类型

喷泉喷头是完成喷泉艺术造型的主要工作部件，它的作用是使具有一定压力的水经过造型的喷头形成绚丽的水花，喷射在水面的上空。各种不同的喷头组合配置能创造出千姿百态的水景景观，令人兴奋、激动，产生奇妙的艺术效果。常见喷泉喷头见表 3-5-2 所列。

表 3-5-2 常见喷泉喷头

名　　称	示意图	景观效果	特　点
单射流喷头			单喷嘴、直射流，水柱晶莹透明、线条明快流畅，射流轴线可以做 ±100 mm 的调节，安装调试比较方便，可组成各种基本水型图案
喷雾喷头			喷雾喷头用水量少，噪音小，其喷出的水滴很细，完全呈雾状，在阳光的照射下，可形成七色彩虹，景色迷人

（续表）

名　称	示意图	景观效果	特　点
环形喷头			其出水口为环形断面，外实内空，喷水形成集中而不分散的环形水柱，粗壮高大、气势宏伟，常用来做喷水池中心水柱的主喷头
旋转喷头			利用水的反作用力，推动喷头旋转，多条水线在空中离心向外形成螺旋扭动的曲线。婀娜多姿，飘逸荡漾
扇形喷头			喷头外形像鸭嘴，喷出扇形的水膜或像孔雀开屏一样绚丽多彩的水花，可单独使用，也可多个组合造型
多孔喷头			由多个单射流喷嘴组成的一个大喷头。常见的有蓬蓬头式、凤尾式、礼花式、三层花式等形式，可塑造出造型各异地盛开的水花
变形喷头			射流经过出水口前面有反射器，形成各种均匀、晶莹透亮的水膜，通过喷头形状的变化可塑造成多种花式，如牵牛花形、半球形

（续表）

名 称	示意图	景观效果	特 点
吸力喷头	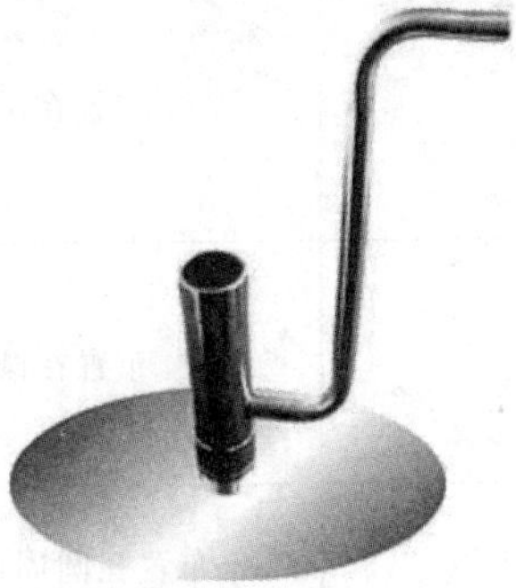		喷水时将空气吸入，形成水气混合的白色水柱，涌出水面，粗壮挺拔，照明后效果明显
蒲公英形喷头			在圆球形壳体上，装有很多同心放射状喷管，可喷出像蒲公英一样美丽的球形或半球形水花。可单独布置，也可几个喷头配合高低错落地布置

（2）常见喷泉水形（表3-5-3）

表3-5-3 常见喷泉水形

序号	名 称	水 形	备 注
1	单射形	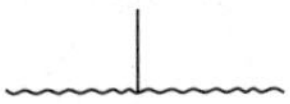	单独布置
2	水幕形	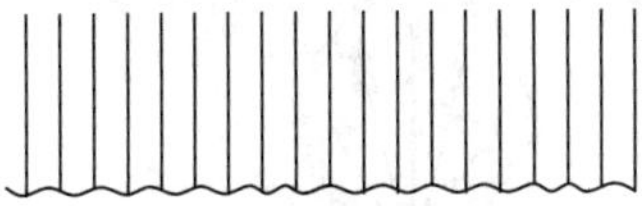	布置在圆周上
3	拱顶形		布置在圆周上
4	向心形	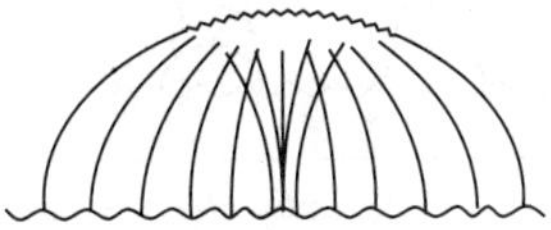	布置在圆周上
5	圆柱形	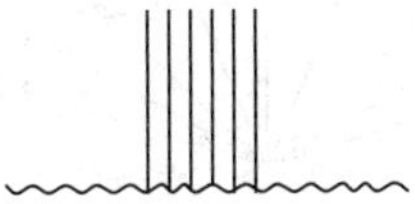	布置在圆周上

（续表）

序号	名　称		水　形	备　注
6	编织形	向外编织		布置在圆周上
		向内编织		布置在圆周上
		篱笆形		布置在圆周或直线上
7	喇叭形			布置在圆周上
8	圆弧形			布置在曲线上
9	蘑菇形			单独布置
10	吸力形			单独布置，此类型可分为吸水型、吸气型、吸水吸气型
11	旋转形			单独布置
12	喷雾形			单独布置

（续表）

序号	名 称	水 形	备 注
13	洒水形	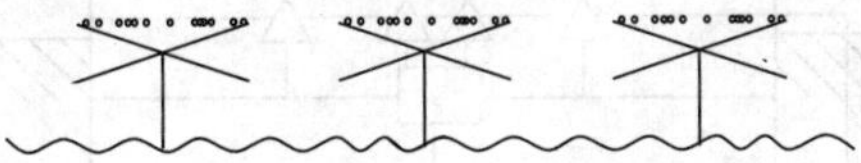	布置在曲线上
14	扇形	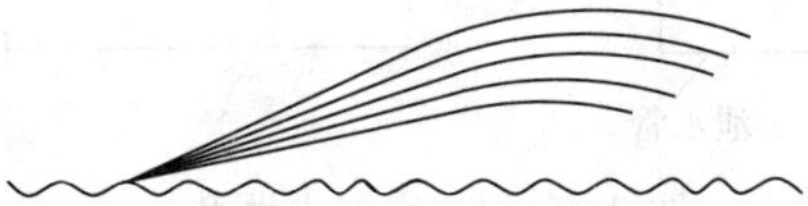	单独布置
15	孔雀形	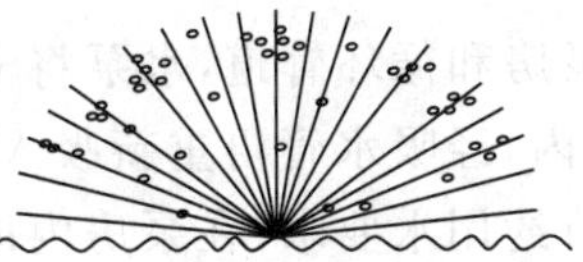	单独布置
16	多层花形		单独布置
17	牵牛花形	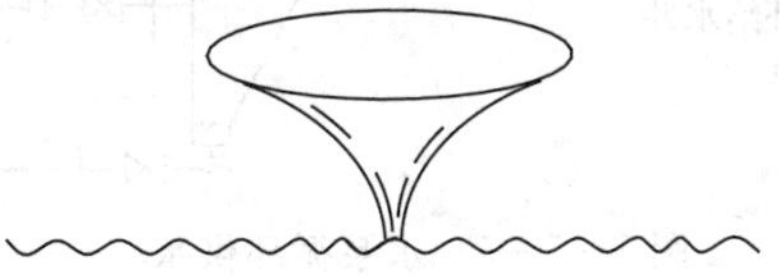	单独布置
18	蒲公英形		单独布置

4. 喷泉的供水形式

喷泉的水源应为无色、无味、无有害杂质的清洁水。因此,喷泉除用城市自来水作为水源外,其他如冷却设备和空调系统的废水也可作为喷泉的水源。喷泉供水水源多为人工水源,有条件的地方也可利用天然水源。目前,最为常见的供水方式有直流式供水、水泵循环供水和潜水泵循环供水3种。

（1）直流式供水

直流式供水的特点是自来水供水管直接接入喷水池内与喷头相接,给水喷射一次后即经溢流管排走。其优点是供水系统简单,占地小,造价低,管理简单。缺点是给水不能重复利用,耗水量大,运行费用高,不符合节约用水要求;同时由于供水管网水压不稳定,水的形状难以保证。直流式供水常与假山盆景结合,可做小型喷泉、孔流、涌泉、水膜、瀑布、壁流等,适合于小庭院、室内大厅和临时场所。直流式供水如图 3-5-4 所示。

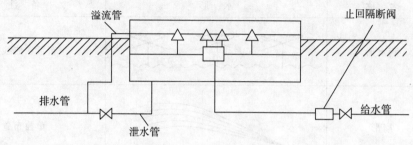

图 3-5-4　直流式供水

(2)水泵循环供水

水泵循环供水的特点是另设泵房和循环管道,水泵将池水吸入后经加压送入供水管道至水池中,水经喷头喷射后落入池内,经吸水管再重新吸入水泵,使水得以循环利用。其优点是耗水量小,运行费用低,符合节约用水要求;在泵房内即可调控水形变化,操作方便,水压稳定。缺点是系统复杂,占地大,造价高,管理麻烦。水泵循环供水适合于各种规模和形式的水景工程,如图 3-5-5 所示。

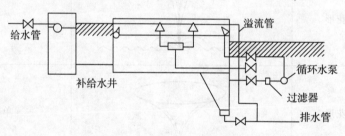

图 3-5-5　水泵循环供水

(3)潜水泵循环供水

潜水泵循环供水的特点是潜水泵安装在水池内与供水管道相连,水经喷头喷射后落入池内,直接吸入泵内循环利用。其优点是布置灵活,系统简单,占地小,造价低,管理容易,耗水量小,运行费用低,符合节约用水要求。缺点是水形调整困难。潜水泵循环供水适合于中小型水景工程,如图 3-5-6 所示。

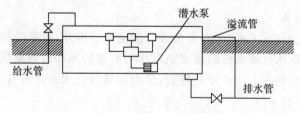

图 3-5-6　潜水泵循环供水

5.喷泉系统水力计算

喷泉系统中,每一个喷头均需有足够的流量和水压才能保证其喷出合适的射流形态。喷泉的水力计算就是要保证水泵能提供给每一个喷头足够的水量和水压,同时使连接水泵和喷头之间的管道有合适的管径。

(1)计算流量

① 单个喷头的流量

方法一:根据厂家产品性能表上的数据获得。

方法二:利用公式 $Q=\mu F\sqrt{zgH}\times 10^{-3}$ 计算。

式中:Q——喷头流量(L/s);

μ——流量泵数(一般为 0.62~0.94);

F——喷头出水口断面积 mm^2;

g——重力加速度:9.81(m/s^2);

H——喷头入口水压(mH$_2$O)。

② 喷泉总流量

喷泉总流量为同一时间同时工作的各个喷头流量之和,即 $Q_{总}=\sum Q_i$。

(2)计算管径

$$D=\sqrt{\frac{4Q}{\pi v}}$$

式中:D——管径;

Q——计算管段上的总流量;

π——圆周率(取 3.14);

v——合适的流速(一般为 0.5~0.6 m/s)。

注:0.5~0.6 m/s 的流速一般指装有大量喷头的总管道(如环管)所采用的流速,从水泵出来的总输水管和离心式水泵的回水管等不可采用此速度,一般输水管流速采用 1.5~2.0 m/s,而回水管流速采用 1.0~1.2 m/s 较为合适。

(3)计算扬程

扬程是指水泵能够扬水的高度,是泵的重要工作性能参数,又称压头。扬程可表示为流体的压力能头、动能头和位能头的增加。就是从下位水面到上位水面的高度,也就是下扬程加上扬程之和,又叫实际扬程或净扬程。

总扬程=净扬程+损失扬程;

净扬程=吸水高度+压水高度;

损失扬程=净扬程×(10%~30%)。

注:扬程的计算应选择一个需要最大扬程的喷头来计算,该喷头可能装的位置较高,同时,压水高度又较大。公式中的吸水高度是指所计算喷头与水泵吸水水面之间的高差,压水高度是指所计算喷头的喷头入口水压。

(4)选择水泵

最后按计算出喷泉系统总流量和总扬程,查水泵性能表选择一个合适的水泵。当水泵的流量不小于喷泉总流量,水泵的扬程不小于喷泉总扬程时,满足条件。查表时,若遇到两种水泵都适用,应优先选择功率小、效率高、叶轮小、重量轻的水泵。

(5)调整修改

喷泉是个比较复杂的系统,设计中有些因素难以全面考虑,所以设计后喷泉要进行试验、调整,只有经过调整,甚至是经过局部的修改校正,才能达到预期效果,如图 3-5-7、图 3-5-8所示。

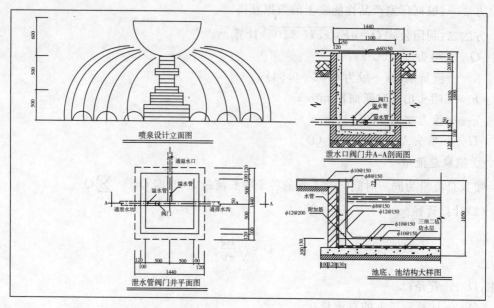

图 3-5-7　喷泉施工图设计(1)

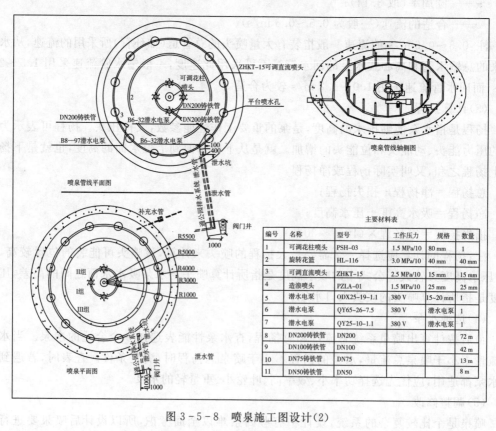

主要材料表

编号	名称	型号	工作压力	规格	数量
1	可调花柱喷头	PSH-03	1.5 MPa/10	80 mm	1
2	旋转花篮	HL-116	3.0 MPa/10	40 mm	40 mm
3	可调直流喷头	ZHKT-15	2.5 MPa/10	15 mm	15 mm
4	造浪喷头	PZLA-01	1.5 MPa/10	25 mm	25 mm
5	潜水电泵	ODX25-19-1.1	380 V	15~20 mm	1
6	潜水电泵	QY65-26-7.5	380 V	潜水电泵	1
7	潜水电泵	QY25-10-1.1	380 V	潜水电泵	1
8	DN200铸铁管	DN200			72 m
9	DN100铸铁管	DN100			42 m
10	DN75铸铁管	DN75			13 m
11	DN50铸铁管	DN50			8 m

图 3-5-8　喷泉施工图设计(2)

步骤三　喷泉工程施工

1. 定点放线

把设计图纸上的设计方案,直接放线到地面上去,对于水泵定线应确定水泵的轴线位置和泵旁的基脚位置和开挖深度定位,对于管道系统则应确定干管的轴线位置,弯头、三通、四通及喷点(即竖管)的位置和管槽的深度定位。

2. 挖基坑和管槽

在便于施工的前提下管槽尽量挖得窄些,只是在接头处为一较大的坑,这样管子承受的压力较小,土方量也小。管槽的底面就是管子的铺设平面,所以要挖平以减少不均匀沉陷。基坑管槽开挖后最好立即浇筑基础铺设管道,以免长期敞开造成坍方和风化底土,影响施工质量及增加土方工作量。

3. 浇筑水泵基座

关键在于严格控制基脚螺钉的位置和深度,常用一个木框架,按水泵基脚尺寸打孔,按水泵的安装条件把基脚螺钉穿在孔内进行浇筑。

4. 安装管道和水泵

喷泉设计中,当喷水池形式、喷头位置确定后,就要考虑管网的布置。喷泉管网主要由吸水管、供水管、补给水管、溢水管、泄水管及供电线路等组成,以下是管网布置时应注意的几个问题:

(1)喷泉管道要根据实际情况布置。装饰性小型喷泉,其管道可直接埋入土中,或用山石、矮灌木遮盖。大型喷泉分主管和次管,主管要敷设在可行人的地沟中,为了便于维修应设检查井,次管直接置于水池内,管线布置应样列有序,整齐美观。

(2)环形管道最好采用"十"字形供水,组合式配水管宜用分水箱供水,其目的是要获得稳定等高的喷流。

(3)为了保持喷水池正常水位,水池要没过溢水口。溢水口面积应是进水口面积的两倍,要在其外侧配备拦污栅,但不得安装阀门。溢水管要有3%的顺坡,直接与泄水管连接。

(4)补给水管的作用是启动前的注水及弥补池水蒸发和喷射的损耗,以保证水池正常水位。补给水管与城市供水管相连,并安装阀门控制。

(5)泄水口要设于池底最低处,用于检修和定期换水时的排水。管径一般为100 mm或150 mm,也可按计算确定,安装单向阀门,与公园水体或城市排水管网连接。

(6)连接喷头的水管不能有急剧变化,要求连接管至少有其管径长度的20倍,如果不能足时,需安装整流器。

(7)喷泉所有的管线都要具有不小于2%的坡度,便于停止使用时将水排空。所有管道均要进行防腐处理,管道接头要严密,安装必须牢固。

(8)管道安装完毕后,应认真检查进行水压试验,保证管道安全,一切正常后再安装喷头。为了便于水型的调整,每个喷头都应安装阀门控制。

(9)喷泉照明多为内侧给光,给光位置为喷高2/3处,照明线路采用防水电缆,以保证供电安全。

(10)在大型的自控喷泉中,管线布置极为复杂,并安装功能独特的阀门和电器元件,如电磁阀、时间继电器等,并配备中心控制室,用以控制水形的变化。

水泵安装时要特别注意水泵轴线应与动力机轴线一致安装完毕后应用测隙规检查同心度,吸水管要尽量短而直,接头要严格密封不可漏气。

5. 冲洗

管子装好后先不装喷头,开泵冲洗管道,把竖管敞开任其自由溢流,把管中沙石都冲出来,以免以后堵塞喷头。

6. 试压

将开口部分全部封闭,竖管用堵头封闭,逐段进行试压。试压的压力应比工作压力大一倍,保持这种压力 10~20 min,各接头不应当有漏水,如发现漏水应及时修补,直至不漏为止。

7. 回填

经试压证明整个系统施工质量合乎要求,才可以回填。如管子埋深较大应分层轻轻夯实。采用塑料管应掌握回填时间,最好在气温等于土壤平均温度时以减少温度变形。

8. 试喷

将开口部分全部封闭,竖管用堵头封闭,逐段进行试压。试压的压力应比工作压力大一倍,保持这种压力 10~20 min,各接头不应当有漏水,如发现漏水应及时修补,直至不漏为止。

任务完成效果评价

学生按照既定计划按步骤完成学习和工作任务,提交学习成果(课堂笔记和作业)、工作成果及体会。

任务完成效果评价表

班级： 学号： 姓名： 组别：

考核方法	从学生查阅资料完成学习任务的主动性、所学知识的掌握程度、语言表述情况等方面进行综合评定;在操作中对学生所做的每个步骤或项目进行量化,得出一个总分,并结合学生的参与程度、所起的作用、合作能力、团队精神、取得的成绩进行评定				
任务考核问题	极不满意	不满意	一般	满意	非常满意
	1	2	3	4	5
1. 喷泉造型设计					
2. 喷泉施工图设计					
3. 喷泉施工					
学生自评分：		学生互评分：		教师评价分：	
综合评价总分(自评分×0.2+互评分×0.3+教师评价得分×0.5)：					
学生对该教学方法的意见和建议：					
对完成任务的意见和建议：					

注:如果对项目的设置、教师在引导项目完成过程中的表现以及完成项目好的建议,请填写"对完成任务的意见和建议"。

知识拓展

在不同的环境条件中如何因地制宜地设计喷泉使其能和环境协调统一?

环境条件与喷泉设计的关系见表 3-5-4 所列。

表 3-5-4 环境条件与喷泉设计的关系

环境条件	适宜的喷泉形式
开阔的场地如车站前、公园入口、街道中心岛	水池选用整形式,水池要大,喷水要高,照明不要太华丽
狭窄的场地如街道转角、建筑物前	水池多为长方形或它的变形
现代建筑如旅馆、饭店、展览会会场等	水池多为圆形、长方形等,水量要大,水感要强烈,照明华丽
热闹的场所如旅游宾馆、游乐中心	喷泉水姿要富于变化,色彩华丽,如用各种音乐喷泉
寂静的场所如公园内的一些小局部	喷泉的形式自由,可与雕塑等各种装饰性小品结合,变化不宜过多,色彩较朴素
中国传统式园林	多为自然式喷水,可做成跌水、涌泉等,以表现天然水态

大型喷泉的合适视距为喷水高的 3.3 倍,小型喷泉的合适视距为喷水高的 3 倍;水平视域的合适视距为景宽的 1.2 倍。另也可用缩短视距,造成仰视的效果,强化喷水给人的高耸的感觉。

思考与练习

1. 围绕校园文化,自拟主题,在学校广场的水池中设计一个喷泉景观,绘制方案设计图和相应的简易施工图。

2. 参与一个小型喷泉的施工。

随堂检测

1. 在我国北方,喷泉的所有构造均有一定的坡度,是因为(　　)。

A. 北方缺水,便于回收水池用水

B. 便于将接管内外水的流动,使其不易结冰

C. 便于在冬天将水排尽,以防止冻害

D. 便于补充因蒸发而流失的池水

2. 喷头中的(　　)喷头在出水口的前面有一个可以调节形状的反射器,当水流经过反射器时,迫使水流按既定角度喷出,起到造型作用,如半球形、牵牛花形。

A. 环形、喷头　　　 B. 吸力喷头　　　 C. 组合喷头　　　 D. 变形喷头

3. 下面不属于喷泉构筑物的是(　　)。

A. 喷水池　　　 B. 泵房　　　 C. 加盖明沟　　　 D. 阀门井

4. 耗水量小,运行费用低,符合节约用水原则,在泵房内可调控小形变化,操作方便,水压稳定的喷泉供水形式的是(　　)。

A. 自来水供水　　　　　　 B. 离心泵循环供水

C. 潜水泵循环供水　　　　　 D. 水塔供水

5. 喷泉水池的排水系统中,常用的溢水口形式有(　　)等。

A. 堰口式　　　 B. 漏斗式　　　 C. 管口式　　　 D. 联通式

项目四　园路工程

园林中的道路工程，包括园路线形、园路结构和园路铺装等的设计与施工。园路是园林工程的重要组成部分，它像人体的脉络一样，是贯穿全园的交通网络，是联系各个景区和景点的纽带与风景线，是园林不可缺少的构成要素，是园林的骨架。园林道路的工程设计与园林道路要素的规划设计是同样重要的，但是此部分知识更为微观和具体。

任务一　园路线形设计

园林的线形设计是在园林总体布局的基础上确定的，在设计与施工手法上可分为平曲线设计和竖曲线设计两种。平曲线设计包括确定道路的宽度、平曲线半径和曲线加宽等，竖曲线设计包括道路的纵横坡度、弯道、超高等。园路的线形设计与施工应充分考虑造景的需要，以达到蜿蜒起伏、曲折有致的效果。另外应尽可能利用原有地形，以保证路基稳定并减少土方工程量。

学习目标

- 了解园路的分类和功能。
- 掌握园路线性设计的内容和设计要点。

任务提出

某公园有一局部，拟辟为安静休息区，区内设茶点部（附露天茶座）、工艺品商亭。其道路、建筑及道路的规划（图 4-1-1）。土壤质地为较坚实的壤土，地下水位一般为 2 m，湖边及岛的底下水位为 0.8 m，常水位 44.50 m，湖底平均标高是 43.00 m，湖岸及四周均用山石驳岸，岸高出常水位 0.6 m。要求在"丹枫岛"上布置一座休息亭，进行地形、园路及汀步设计。

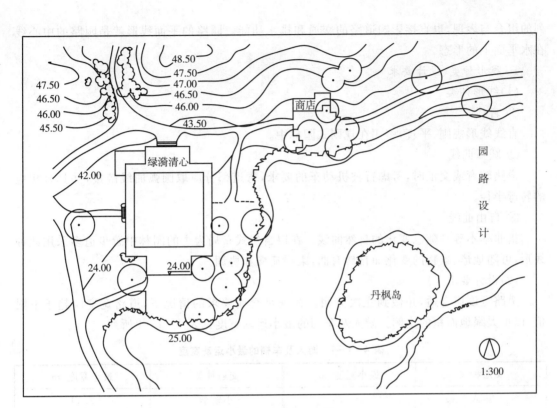

图 4 - 1 - 1　园路设计

任务分析

依据图纸和地基情况,分析设计条件,了解其他园林要素情况及其道路的高程关系和平面的衔接,充分研讨后进行设计决策,并为后续的道路工程设计做准备。

任务完成流程:准备工作──▶园路平面线形设计──▶园路纵横坡度设计。

任务实施

步骤一　准备工作

1. 实际勘查

(1)地形地貌并核对图纸。

(2)了解地基情况。

(3)了解其他园林要素情况。

(4)了解地下构筑物、管线情况。

(5)了解与市政道路的高程情况和平面的衔接情况。

2. 材料的收集整理与研讨

3. 绘图工具:绘图笔、图纸、图板、三角板等

步骤二　园路平面线形设计

园路的线形包括平面线形和纵断面线形。线形设计是否合理,不仅关系到园林景观序

列的组合与表现,也直接影响道路的交通和排水功能。园路的平面线形就是园路的中心线在水平面上的形态。

1. 线形种类、设计要求

(1)线形种类

① 直线

直线线形规则、平直,多用在规则式园林中。

② 圆弧曲线

道路转弯或交汇时,考虑行驶机动车的要求,弯道部分应取圆弧曲线链接,并具有相应的转弯半径。

③ 自由曲线

指曲率不等且随意变化的自然曲线。在以自然式布局为主的园林中游步道多采用此种线形,可随地形、景物的变化而自然弯曲,柔顺流畅和协调。

(2)设计要求

道路宽度应合适,并做到主次分明。在满足交通要求的情况下,道路宽度应趋于下限值,以扩大绿地面积的比例。游人及车辆的最小运动宽度见表 4-1-1 所列。

表 4-1-1　游人及车辆的最小运动宽度

交通种类	最小宽度/m	交通种类	最小宽度/m
单人	≥0.75	小轿车	2.00
自行车	0.6	消防车	2.06
三轮车	1.24	卡车	2.05
手扶拖拉机	0.84~1.5	大轿车	2.66

行车道路转弯半径至少应满足机动车最小转弯半径条件。

园路的曲折迂回应有目的性。一方面,曲折应为了满足地形及功能上的要求,如避绕障碍、串联景点、围绕草坪、组织景观、增加层次、延长游览路线、扩大视野;另一方面,曲折要有艺术性和目的性,应避免不必要过多的弯曲。

2. 平曲线最小半径设计

当车辆在弯道上行驶时,为了使车体顺利转弯,保证行车安全,要求弯道上部分应为圆弧曲线,该曲线称为平曲线,如图 4-1-2 所示。

在园林中,一般通行机动车的道路设计车速较低,可不考虑行车速度,只要满足汽车本身的最小转弯半径即可。平曲线的最小半径一般不得小于 6 m。

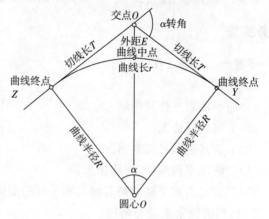

图 4-1-2　平曲线图

3. 曲线加宽

当汽车在弯道上行驶时,由于前轮的轮迹较大,后轮的轮迹较小,出现后轮轮迹内移现象,同时,车辆本身所占宽度也较直线行驶时更大,弯道半径越小,这一现象越严重。为了防止后轮驶出路外,车道内侧(尤其是小半径弯道)需适当加宽,称为曲线加宽,如图 4-1-3 所示。

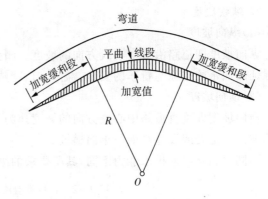

图 4-1-3　曲线加宽

曲线加宽值与车体长度的平方成正比,与弯道半径成反比。

当弯道中心线平曲线半径 $R \geqslant 200$ m时可不必加宽。

为了使直线路段上宽度逐渐过渡到弯道上的加宽值,需设置加宽缓和段。

园路的分支和交汇处,为了通行方便,应加宽其曲线部分,使其线形圆润、流畅,形成优美的视觉效果。

步骤三　园路纵横坡度设计

园林竖曲线设计包括道路的纵横坡度、弯道、超高等,即道路中心线在其竖向上的形态。

1. 线形种类、设计要求

(1)线形种类

① 直线

直线表示路段中坡度均匀一致,坡向和坡度保持不变。

② 竖曲线

两条不同坡度的路段相交时,必然存在一个变坡点。为使车辆安全平稳通过变坡点,须用一条圆弧曲线把相邻两个不同坡度线连接,这条曲线因位于竖直面内,故称竖曲线。当圆心位于竖曲线下方时,称为凸形竖曲线;当圆心位于竖曲线上方时,称为凹形竖曲线,如图4-1-4所示。

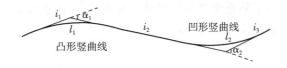

图 4-1-4　竖曲线

(2)设计要求

① 园路根据造景的需要,应随形就势,一般随地形的起伏而起伏。

② 在满足造景艺术要求的情况下,尽量利用原地形,以保证路基稳定,减少土方量。

③ 园路应与相连的广场、建筑物和城市道路在高程上有一个合理的衔接。

④ 园路应有一定的坡度以便于地面水的排除。

⑤ 纵断面控制点应与平面控制点一并考虑,使平、竖曲线尽量错开。

⑥ 行车道路的竖曲线应满足车辆通行的基本要求,应考虑常见机动车辆线形尺寸对竖曲线半径及会车安全的要求。

2. 纵横坡度

(1)纵向坡度

纵向坡度即道路沿其中心线方向的坡度。园路中,行车道路的纵坡一般为0.3%~8%,以保证路面水的排除与行车的安全。游步道、特殊路纵向坡度应不大于12%。

(2)横向坡度

横向坡度即垂直道路中心线方向的坡度。为了方便排水,园路横坡一般为1%~4%,呈两面坡。弯道处因设超高而呈单向横坡。

不同材料路面的排水能力不同,其所要求的纵横坡度也不同,见表4-1-2所列。

表4-1-2 各种类型路面的纵横坡度表

路面类型	纵坡/% 最小	纵坡/% 最大 游览大道	纵坡/% 最大 园路	纵坡/% 特殊	横坡/% 最小	横坡/% 最大
水泥混凝土路面	0.3			—	1.5	2.5
沥青混凝土路面	0.3	6	7	10	1.5	2.5
块石、砾石路面	0.4	5	6	10	2	3
卵石路面	0.5	6	8	11	3	4
粒料路面	0.5	7	8	7	2.5	3.5
改善土路面	0.5	6	8	8	2.5	4
游览小道	0.3	6	6	8	1.5	3
自行车道	0.3	3	8	10	1.5	2
广场、停车道	0.3	6	7	10	1.5	2.5
特别停车场	0.3	6	7	—	0.5	1

3. 弯道超高设计

当汽车在弯道上行驶时,产生离心力。这种离心力的大小,与行车速度的平方成正比,与平曲线半径成反比。为了防止车辆向外侧滑移及倾覆,并抵消离心力的作用,就需将路的外侧抬高,即弯道超高,如图4-1-5所示。

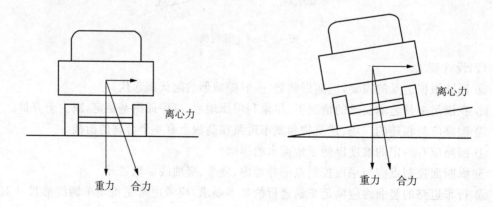

图4-1-5 弯道超高

任务完成和效果评价

学生宣讲园路线形设计方案,老师和其他学生可以随时提出专业性问题。学生按照既定计划按步骤完成学习和工作任务,提交学习成果(课堂笔记和作业)、工作成果及体会。

任务完成效果评价表

班级		小组		姓名			日期			
序号	考核项目	考核指标		考核等级				等级分值			
				A	B	C	D	A	B	C	D
				好	较好	一般	较差	10	8	6	4
1	道路选线	选线合理,有明确主次关系,交叉点设计正确,与环境充分结合									
2	设计表达	道路中心点标高、路段坡度、竖曲线半径、平曲线半径设计合理									
3	尺寸标注	尺寸标注准确,遗漏项且符合尺寸标注规则									
4	图纸表现	图例表达准确,比例采用恰当,符合制图标准和规范									
学生自评分:			学生互评分:				教师评价分:			
综合评价总分(自评分×0.2+互评分×0.3+教师评价得分×0.5):										
学生对该教学方法的意见和建议:										
对完成任务的意见和建议:										

注:如果对项目的设置、教师在引导项目完成过程中的表现以及完成项目好的建议,请填写"对完成任务的意见和建议"。

知识拓展

1. 园路横断面设计

(1)园路横断面的组成

园路的横断面就是垂直于园路中心线方向的断面,它关系到交通安全、环境卫生、用地经济、景观等。

园路横断面设计,在园林总体规划中所确定的园路路幅或在道路红线范围内进行,它是由车行道、人行道或路肩、绿带、地上和地下管线(给水、电力、电讯等)共同敷设带(简称共同沟)、排水(雨水、中水、污水)沟道、电力照明电杆、分车导向岛、交通组织标志、信号和人行横道等组成,如图4-1-6所示。

园路的宽度与该园林的规模及园路的级别相关。一般来说,应以满足功能要求,并尽量少占绿地为宜。同时,园路也可以根据功能需要采用变断面的形式,如转折处不同宽度,座椅处外延边界,路旁的过路亭、园路和小广场相结合等。这样宽窄不一、曲直相济,反倒使园

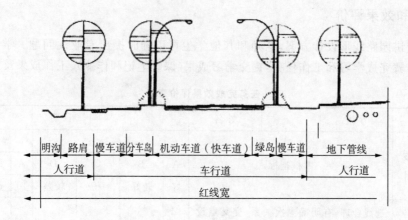

图 4-1-6　园路横断面设计

路多变、生动起来,做到一条路上休闲、停留和人行、运动相结合,各得其所。园林道路的最小参考宽度如表 4-1-3 所示。

表 4-1-3　园林道路的最小参考宽度

级别	宽度/m	说明
1	≥6.0	单行道+两条人行道
2	≥4.0	单行道+一条人行道
3	≥1.5	两条人行道
4	≥0.8	一条人行道(一般)
5	≥0.6	一条人行道(庭院)

(2)园路横断面的设计

① 车行道设计:风景园林道路交通量小,车速不高,荷载不大,一般每条车道宽 3.0~3.75 m 比较适当。带有路肩式的横断面,机动车、非机动车都可以灵活借用,错车颇为方便。

② 车行道路拱设计:为使道路上地面水包括园林草坪等地面水迅速排入道路两侧的明沟或雨水口内,道路车行道横断面应做成横向倾斜的坡度。一般分为单向直线横坡式、凹形双向横坡式、凸形双向横坡式三种形式。

③ 自行车道设计:一般一条自行车车道的设计宽度为 1.5 m,两条车道的为 2.55 m,计算方法是:$0.6n+0.45(n+1)=1.05n+0.45$,$n$ 为车道数。

④ 人行道宽度建议值见表 4-1-4 所列。

表 4-1-4　人行道宽度建议值

人行道条数	1	2	3	4	5	6
人行道宽度/m	0.6~0.8	1.5	2.3	3.0	3.7	4.5

⑤ 园路绿化带设计：园路绿化包括人行道绿地和分车带绿地两部分。园路绿地一般占道路总宽度的 15%～30%，但如按环保的标准，园路绿地总宽度应有 6～15 m，其中人行道绿地常用宽度为 1.5～6.0 m。绿化带过窄，发挥不了应有的防护、隔断作用，且行道树与路灯的矛盾突出，与地下管线的埋设又相互干扰。因此，园路绿地宽度以大于 4.5 m 为佳。园路绿化带上的行道树要有足够的净空距，要求行道树的定干为 2.5 m，树木的间距不应对行人或行驶中的车辆造成视线障碍。若是栽种雪松、柏树等易遮挡视线的树木，株距应为树冠冠幅的 4～5 倍。为防止行道树与架空线接触，一般可选择易修剪的树木，以控制其高度。

⑥ 结合地形设计道路横断面：在自然地形起伏较大地区设计道路横断面时，如果道路两侧的地形高差较大，结合地形布置道路横断面的几种形式如下。

a. 结合地形将人行道与车行道设置在不同高度上，人行道与车行道之间用斜坡隔开，如图 4-1-7(a)所示；或用挡土墙隔开，见图 4-1-7(b)所示。

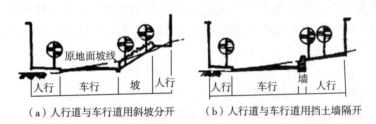

（a）人行道与车行道用斜坡分开　（b）人行道与车行道用挡土墙隔开

图 4-1-7　人行道与车行道设置在不同高度上

b. 将两个不同向的车行道设置在不同高度上，如图 4-1-8 所示。

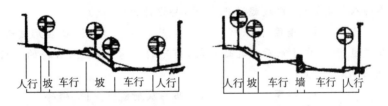

图 4-1-8　不同向的行车道设置在不同高度上

c. 结合岸坡倾斜地形，将沿河一边的人行道布置在较低的不受水淹的河滩上，供人们散步休息之用。车行道设在上层，以供车辆通行，如图 4-1-9 所示。

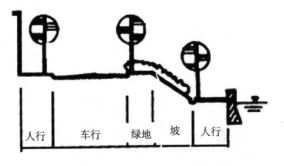

图 4-1-9　岸坡倾斜地形人行道的布置

2. 园路的无障碍设计

随着现代社会的发展,残障事业越来越受到重视,园林绿地的各种效能要便于残障人士使用,园路的设计也应该实现无障碍设计。

(1)路面宽度不宜小于1.2 m,会车路段路面宽度不宜小于2.5 m。

(2)道路纵坡一般不宜超过4%,且坡长不宜过长,在适当距离应设水平路段,并不应有阶梯。

(3)应尽可能减小横坡。

(4)坡道坡度为1/20～1/15时,其坡长一般不宜超过9 m;每个转弯处,应设不小于1.8 m²的休息平台。

(5)园路一侧为陡坡时,为防止轮椅从边侧滑落,应设高度为10 cm以上的挡石,并设扶手栏杆。

(6)排水沟箅子等工程设施不得突出路面,并注意避免箅子孔等卡住轮椅的车轮和盲人的拐杖。具体做法参照《方便残疾人使用的城市道路和建筑设计规范》(JGJ 50 - 1988)。

思考与练习

1. 园林道路规划设计与园林道路工程设计之间的关系。

2. 根据学校现场的道路设计情况,结合前期讲解的理论知识对学校的道路分级、尺度、平面线形特点进行分析汇报。

随堂测验

1. 不通车的人行游览道,纵坡超过12%时,要设计为(　　　)

A. 坡道　　　　　　B. 礓磋　　　　　C. 台阶　　　　　　D. 锯齿形坡道

2. 汽车在弯道行驶,由于前后轮轮迹不同,前轮的转弯半径大,后轮的转弯半径小。因此,园路转弯处要设(　　　)

A. 加宽　　　　　　B. 超高　　　　　C. 凸形反射镜　　　D. 礓磋

3. 在园路弯道设置超高的原因是(　　　)

A. 防止车辆向内侧滑　　　　　　　　B. 抵消离心力的作用

C. 增加转弯半径　　　　　　　　　　D. 扩大安全视距

任务二 园路结构设计

园林结构形式有多种,典型的园路结构包括面层、结合层、基层、路基等。此外,要根据需要进行道牙、雨水井、明沟、台阶、礓磋、种植池等附属工程的设计,各部分都必须满足一定的结构和功能需要。

学习目标

● 了解园林的一般特点和结构要求。

● 掌握园路的断面结构设计。

任务提出

对"丹枫岛"做完地形、园路及汀步设计后,继续完成横断面结构设计及汀步结构图(比例尺为1∶20)。

任务分析

"丹枫岛"的地形和道路选线设计完成后,要进行工程现状分析,在结构设计过程中要充分考虑路基对道路结构的限制和要求,做出有依据的决策设计。

任务完成流程:准备工作──→园路结构设计。

任务实施

步骤一 准备工作
绘图工具:绘图笔、图纸、图板、三角板等。

步骤二 园路结构设计(设计要点及要求)

1. 园路结构设计原则

(1)园路结构设计中的影响因素

① 大气中的水分和地面湿度。

② 气温变化对地面的影响。

③ 冰冻和融化对路面的危害。

(2)园路结构应具有的特性

① 强度与刚度:其中刚度指的是路面的抗弯能力。

② 稳定性:是指随着时间的变化,路面抵抗温度、水的侵蚀能力。

③ 耐久性:是指路面的抗疲劳和老化的能力。

④ 表面平整度。

⑤ 表面抗滑性能。

⑥ 少尘性。

（3）园路结构设计中应注意的问题

① 就地取材

在园路修建、设计时应尽量使用当地材料、建筑废料、工业废渣等。

② 薄面、强基、稳基土

在设计园路时，对路基的强度要非常重视。在公园里，我们常看到装饰性很好的路面，没有使用多久，就变得坎坷不平、破破烂烂了。其主要原因：一是园林地形经过整理，其土基不够坚实，修路时地基又没有充分夯实；二是园路的基层强度不够，在车辆通过时路面被压碎。

为了节省水泥石板等建筑材料，降低造价，提高路面质量，应尽可能采用薄面、强基、稳基土，使园路结构经济、合理、美观。

③ 几种结合层的比较

白灰干砂：施工时操作简单，遇水后会自动凝结，白灰体积膨胀，密实性好。

净干砂：施工简便，造价低。雨水会使沙子流失，造成结合层不平整。

混合砂浆：由水泥、白灰、沙组成，整体性好，强度高，黏结力强。适用于铺筑块料路面。造价较高。

④ 基层的选择

基层的选择应视气候特点、路基土壤的情况及路面荷载的大小而定，并应尽量利用当地材料。

基土条件好的土地：在冰冻不严重、基土坚实、排水良好的地区，在铺筑游步道时，只要路基稍微平整，就可以铺砖修路。

灰土基层：由一定比例的白灰和土搅拌后压实而成。应用较广泛，具有一定的强度和稳定性，不易透水，后期强度近刚性物质。在一般情况下使用一步灰土，在交通量较大或地下水位较高的地区，可采用两步灰土。

2. 园林的结构设计

园路一般由面层、路基和附属工程三部分组成。

（1）路面层的结构

路面面层的结构组合形式是多种多样的，但园路路面层的结构比城市道路简单，其典型的路面层如图 4-2-1 所示。路面各层有其作用，结构也有所要求。

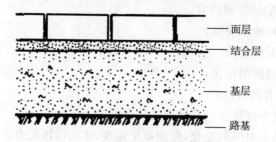

图 4-2-1 典型路面层结构

面层：路面最上面的一层，直接承受人流、车辆和大气因素的破坏。面层设计时要求坚固，平稳，耐磨耗，具有一定的粗糙度，少尘埃，便于清扫。

基层：一般在土基之上，起承重作用。一方面支承由面层传下来的荷载，另一方面把此荷载传给土基。基层不直接接受车辆和气候因素的作用,对材料的要求比面层低。一般用碎(砾石)石、灰土和各种工业废渣等筑成。

结合层:在采用块料铺筑面层时,在面层和基层之间,为了结合和找平而设置的一层。一般用 3～5 cm 的粗砂、水泥砂浆或白灰砂浆即可。

垫层:在路基排水不良或有冻胀、翻浆的路线上,为了排水、隔温、防冻的需要,用煤渣土、石灰土等筑成。

(2)路基

路基是路面的基础,它不仅为路面提供一个平整的基面,承受路面传下来的荷载,也是保证路面强度和稳定性的重要条件之一。因此,对保证路面的使用寿命具有重大意义。

(3)园路附属工程设计

道牙:一般分为立道牙和平道牙两种形式。它们安置在路面两侧,使路面与路肩在高程上起衔接作用,并能保护路面,便于排水。道牙一般用砖或混凝土制成,在园林中也可以用瓦、大卵石等设计(图 4-2-2)。

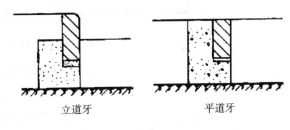

图 4-2-2　道牙的两种形式

明沟:分布于路肩的外侧(图 4-2-3)。明沟底部应有 0.2%～0.5% 的坡度,以利于排水。明沟的截面尺寸应由排水量决定。明沟的截面形状常为梯形。明沟也可以由直接挖土或凿石而成。对于土质明沟,一般铺设石质等硬质材料或在底部设卵石,以增加园林的自然气氛。

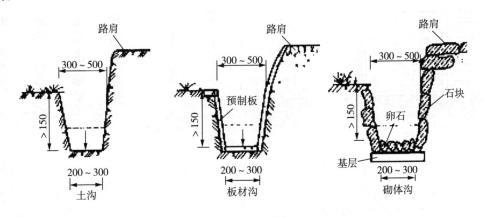

图 4-2-3　明沟

雨水井:一般紧贴道牙而设(图 4-2-4),其功能为收集路面雨水并将水集中排至下水系统。雨水井一般使用砖块、水泥砂浆砌筑,上罩混凝土板或石板等材料。

台阶:当路面坡度超过 12°时,为了便于行走,在无通行车辆的路段上,可设台阶。台阶的宽度与路面相同,每级台阶的高度为 12～17 cm。宽度为 30～38 cm。一般台阶不宜连续使用,如地形许可,每 10～18 级后应设一段平坦的地段,使游人有恢复体力的机会。为了防止台阶积水、结冰,每级台阶应用 1%～2% 的向下坡度,以利排水。图 4-2-5 所示为台阶构造做法。

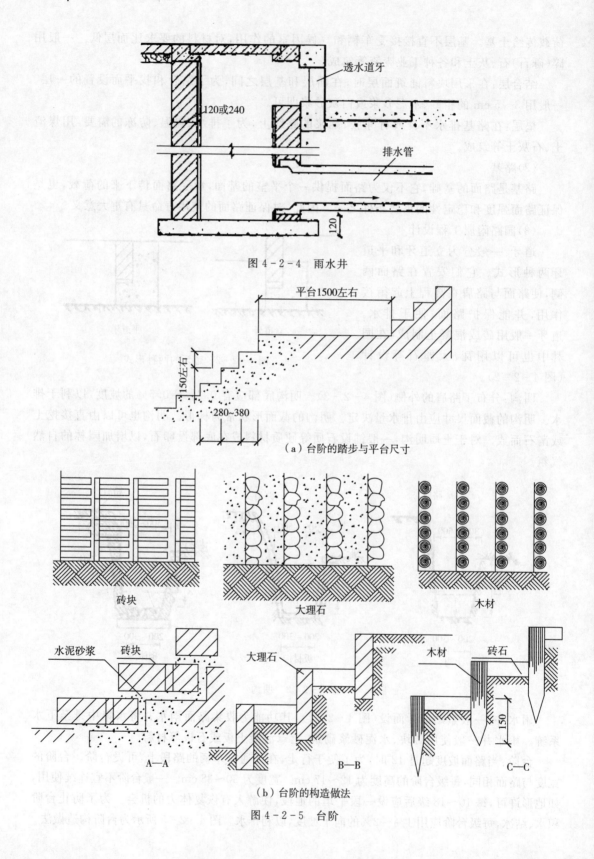

图 4-2-4 雨水井

（a）台阶的踏步与平台尺寸

砖块　　　　　　　大理石　　　　　　　木材

水泥砂浆　砖块　　　　　　大理石　　　　　　　木材　　砖石

A—A　　　　　　　　B—B　　　　　　　　C—C

（b）台阶的构造做法

图 4-2-5 台阶

礓磋：在坡度较大的地段上，一般纵坡超过 15% 时，本应设台阶，但为了能通行车辆，将斜面做成锯齿形坡道，称为礓磋。礓磋中凹痕深度一般为 15 mm，其间距为 70～80 mm 或 220～240 mm（图 4-2-6）。前者适用于纵向坡度较大的园路，后者适用于纵向坡度较平缓的园路。

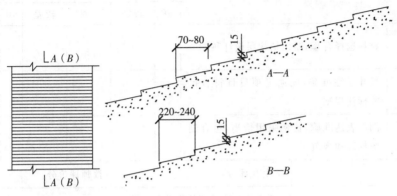

图 4-2-6 礓磋的表面做法

蹬道：在地形陡峭的地段，可结合地形或利用露岩设置蹬道。当其纵坡大于 60% 时，应做防滑处理，并设扶手栏杆等（图 4-2-7）。

石板铺设　　　　　　　裸石开凿

图 4-2-7 蹬道的常见类型

种植池：在路边或广场上栽种植物，一般应留种植池，种植池的大小应由所栽植物的要求而定，在栽种高大乔木的种植池上应设保护栅栏（图 4-2-8）。

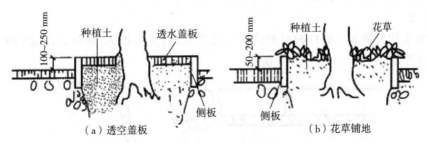

（a）透空盖板　　　　　　　（b）花草铺地

图 4-2-8 道路种植池

任务完成效果评价

学生按照既定计划按步骤完成学习和工作任务，提交学习成果（课堂笔记和作业）、工作成果及体会。

任务完成效果评价表

班级		小组		姓名				日期					
序号	考核项目	考核指标			考核等级				等级分值					
				A	B	C	D	A	B	C	D		
				好	较好	一般	较差	10	8	6	4		
1	断面结构	材料选择合理,断面结构层设计科学											
2	尺寸标注	尺寸标注准确,无遗漏项目且符合尺寸标注规则											
3	图纸表现	图例表达准确,比例采用恰当,符合制图标准和规范											

学生自评分:	学生互评分:	教师评价分:
综合评价总分(自评分×0.2+互评分×0.3+教师评价得分×0.5):		
学生对该教学方法的意见和建议:		
对完成任务的意见和建议:		

注:如果对项目的设置、教师在引导项目完成过程中的表现以及完成项目好的建议,请填写"对完成任务的意见和建议"。

知识拓展

1. 园路常见"病害"及其原因

园路的"病害"是指园路破坏的现象。一般常见的病害有裂缝、凹陷、啃边、翻浆等。

(1)裂缝与凹陷

造成这种破坏的主要原因是基土过于湿软或基层厚度不够,强度不足或不均匀,当路面荷载超过土基的承载力时出现。

(2)啃边

由于雨水的侵蚀和车辆行驶时对路面的边缘啃蚀,使之损坏,并从边缘起向中心发展,这种破坏现象叫啃边,如图 4-2-9 所示。

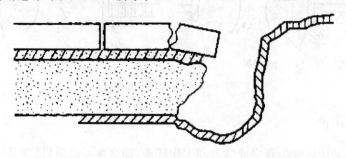

图 4-2-9 啃边

（3）翻浆

在季节性冰冻地区，地下水位高，特别是对于粉砂性土基，由于毛细管的作用，水分上升到路面下，冬季气温下降，水分在路面下形成冰粒，体积增大，路面就会出现隆起现象，到春季上层冻土融化，而下层尚未融化，这样使冰冻线土基变成湿软的橡皮状，路面承载力下降，这时如果车辆通过，路面下陷，临近部分隆起，并将泥土从裂缝中挤出来，使路面破坏，这种现象叫翻浆，如图 4-2-10 所示。

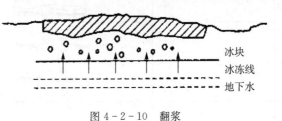

图 4-2-10　翻浆

路面的这些常见的"病害"，在进行路面结构设计时，必须给予充分重视。

2. 常见园路剖面图解

园路按材料不同分为砖石园路、混凝土园路和嵌草园路，按功能不同分为人行道和车行道两大类（表 4-2-1）。

表 4-2-1　常见园路剖面图解（mm）

水泥混凝土路		(1)80～150 厚 C20 混凝土； (2)80～120 厚碎石； (3)素土夯实； 注：基层可用二渣、三渣
沥青碎石路		(1)10 厚二层柏油表面处理； (2)50 厚泥结碎石； (3)150 厚碎砖或白灰、煤渣； (4)素土夯实
方砖路		(1)500×500×100 C20 混凝土； (2)50 厚粗砂； (3)150～250 厚灰土； (4)素土夯实； 注：胀缝加 10×95 橡皮条
卵石嵌花路		(1)70 厚预制混凝土嵌卵石； (2)50 厚 M2.5 混合砂浆； (3)一步灰土； (4)素土夯实
羽毛球场铺地		(1)20 厚 1:3 水泥砂浆； (2)80 厚 1:3:6 水泥、白灰、碎砖； (3)素土夯实
卵石路		(1)70 厚上裁小卵石； (2)30～50 厚 M2.5 混合砂浆； (3)150～250 厚碎砖或白灰、煤渣； (4)素土夯实

（续表）

步石		(1)大块毛石； (2)基石用毛石或100厚水泥板
汀步		(1)大块毛石； (2)基石用毛石或100厚水泥板
嵌草路面		(1)100厚石板； (2)50厚黄砂； (3)素土夯实； 注:石缝30～50嵌草
汀步		钢筋混凝土现浇
透水透气性路面		(1)彩色异型砖； (2)石灰砂浆； (3)少砂水泥混凝土； (4)天然级配砂砾； (5)粗砂或中砂

思考与练习

1. 绘制台阶、礓磋的形式及尺寸。

2. 选择校园中某段道路为设计对象，绘制其横断面结构图。

随堂测验

1. 园路依据宽可分为主要园路、次要园路、游憩小路和小径，其中小径的宽度一般为（　　）。

A.1 m　　　　　　B.1.8 m　　　　　　C.2.5 m　　　　　　D.4 m

2. 园路的路面结构不包括（　　）。

A. 面层　　　　　B. 结合层　　　　　C. 路基　　　　　D. 基层

任务三 园路铺装设计

园路的地面铺装是园路景观中的一个重要组成部分,而且是与用路者接触最亲密的一个界面。路面铺装不但能强化视觉效果,影响环境特征,表达不同的立意和主题,对游人的心理产生影响,还有引导和组织游览的功能。

学习目标

- 了解园林铺装设计原则。
- 掌握园林的铺装设计。

任务提出

任务一中,在"绿漪清心"茶点部北面有两条小路:一条蜿蜒穿谷北去,环境幽静;另一条沿湖向东通工艺品亭,环境开阔热闹。试作路面铺砖及结构设计图(1∶20)。"绿漪清心"的周围地形起伏变化,因此依据等高线判断地形,然后依据地形设计台阶,依据汇水线布置排水井。

任务分析

"绿漪清心"通往"工艺品亭"的道路要求功能性强,因此道路铺装采用平坦、便于输送人流的路面铺装,而"绿漪清心"穿谷北去的园路,环境宽阔热闹,铺装要与周围环境相协调,而相对的园路功能性要求较弱。

任务完成流程:准备工作──→园路铺装设计。

任务实施

步骤一 准备工作
绘图工具:绘图笔、图纸、图板、三角板等。

步骤二 园路铺装设计

1. 园路路面铺装设计的原则

(1)尺度原则

铺装块料尺度的合理与否,是园路铺装效果好坏的直接体现。块料的大小、拼缝的设计等都与路面和场地的尺度有密切关系。如较宽的道路或大场地,其质地可粗糙些,纹样也不宜过细,而狭窄的道路和小场地,则质地不宜过粗,纹样也可以精细些。

合理的尺度还应与铺装材料、色彩等其他因素相协调。不同的材料质感和色彩的运用会给人以扩张或收缩的不同视觉感受,而这种感受应与道路的尺度关系相一致。大尺度关系的道路一般选用色调统一、质感单纯的形式;一些小尺度的道路则可以采用多样的色彩、多种质感的组合来丰富空间的变化和层次。

(2)色彩原则

色彩是园路的主要造型元素,合理地运用色彩,可以使路面充满活力,并能给人以视觉享受以及精神的愉悦,更可以丰富园林景观。不同的色彩会给人带来不同的感觉,如红、橙、黄等暖色调给人兴奋感,而蓝、绿等冷色调则让人感觉沉静和安稳。此外,色彩之间的搭配组合也可以造成不同的视觉效果,形成鲜明的环境气氛。但色彩搭配的运用要注意与整体园林环境的协调统一,不可不考虑整体色调和主次关系,园路色彩过于艳丽反而会破坏整体景观,喧宾夺主。

(3)质感原则

园路的美还需要通过材料的质感来体现,如质地细腻光滑的材料给人以优雅之感,而质地粗糙、没有光泽感的材料则使人感觉粗犷豪放、朴实亲切。在考虑表面园路的质感时要充分利用材料本身所固有的特点和美感,花岗岩的粗犷、鹅卵石的润滑、青石板的质朴等,都能创造不同的效果。在进行材料质感的选择与组合时,也要注意整体效果的把握。采用同一种材料铺装时,可以达到整洁统一的效果;采用相似的材料,能体现出柔和的美;而当铺装材料的质感形成强烈对比时,则可以使园路产生强烈的视觉效果,给人以冲击力。

此外,质感的选择还应与色彩的变化同时考虑。一般来说,如果色彩运用比较简单,则材料的质感处理手法可多一些;而如果色彩变化比较丰富,那么材料的质感处理应以简单为宜。

2. 园林铺装类型

(1)根据铺装材料划分

① 整体路面

整体路面是在园林建设中应用最多的一类,是用水泥混凝土或沥青混凝土铺筑而成的路面。它具有强度高、耐压、耐磨、平整度好的特点,但不便维修,且一般观赏性较差。由于养护简单、便于清扫,所以多为大公园的主干道所采用。整体路面色彩多为灰、黑色,近年来出现了彩色沥青路和彩色水泥路。

② 块料路面

块料路面是用大方砖、石板等各种天然块石或各种预制板铺装而成的路面,如木纹板路、拉条水泥板路、假卵石路等。这种路面简朴、大方,尤其是各种拉条路面,利用条纹方向产生光影效果,不仅有很好的装饰性,而且可以防滑和减少反光强度,并能铺装成形态各异的图案花纹,美观、舒适,同时也便于地下施工时进行拆补,被广泛应用在现代绿地中。

③ 碎料路面

碎料路面是用各种碎石、瓦片、卵石及其他碎状材料组成的路面。这类路面铺装材料价廉,能铺成各种花纹,一般多用在庭院和游步道。

④ 简易路面

简易路面是由煤屑、三合土等构成的路面,多用于临时性或过渡性园路。

(2)根据路面的排水性划分

① 透水性路面

透水性路面是指下雨时雨水能及时通过路面结构渗入地下,或者储存于路面材料的空隙中,减少地面积水。其做法既有直接采用吸水性好的面层材料,也有将不透水的材料干铺在透水性基层上,包括透水混凝土、透水沥青、透水性高分子材料及各种粉粒材料路面、透水草皮路面和人工草皮路面等。这种路面可减轻排水系统负担,保护地下水资源,有利于生态环境的保护,但平整度、耐压性往往存在不足,养护量较大,故主要应用于游步道、停车场、广场等处。

② 非透水性路面

非透水性路面是指吸水率低、主要靠地表排水的路面。不透水的现浇混凝土路面、沥青路面、高分子材料路面以及各种在不透水基层上用砂浆铺贴砖、石、混凝土预制块等材料铺成的园路都属于此类。这种路面平整度和耐压性较好,整体铺装的可用作机动交通、人流量大的主要园路,块材铺筑的则多用作次要园道、游步道、广场等。

3. 园路主要铺装材料

(1)古典园林中所运用的铺装材料

中国自古对园路面层的铺装非常讲究,《园冶》中云:“惟厅堂广厦中铺一概磨砖,如路径盘蹊,长砌多般乱石,中庭或宜叠胜,近砌亦可回文。八角嵌方,选鹅卵石铺成蜀锦”“鹅子石,宜铺于不常走处”,又云“花环窄路偏宜石,堂回空庭须用砖”。

我国古典园林中的园路铺地材料大量运用的是砖、卵石、石片、瓦片以及各种石材,如江南古典园林中的“花街铺地”,就是运用这些有限的材料铺设出了各种精美的彩色铺地。用卵石、碎石组成的铺地,不仅排水性能良好,还能防滑,光线也柔和,很适合江南一带湿润的气候。由于其铺设随意、可塑性强,直到现在仍被广泛运用于庭院、浅滩、水边小路等。

(2)现代园林中所运用的铺装材料

随着园林领域的不断扩展,现代科技的迅猛发展,现代园林中所运用材料种类的丰富程度已是古人无法想象的。一方面,现代园林保留和继承了古代园林中绝大多数的造园材料,这些材料在现代园林设计理念的指导下,仍保持着旺盛的生命力,在现代园林中发挥重要的作用;另一方面,现代科技开发、研制出的新材料,在现代园林中也逐渐得到广泛应用。

园林中的材料可以分为天然材料和人工材料。就铺装材料而言,天然材料有石材、木材、竹、土等,人工材料有混凝土、水泥、砖、瓦、陶瓷、玻璃、橡胶、塑料、金属等。在我国现代园林中,园路的铺装材料可谓种类繁多,除了传统的各种石材,还有陶瓷制品、混凝土制品、砖制品、木材等。

石材:石材是所有铺装材料中最为自然的一种。其耐久性和观赏性都很高,是铺装的首选材料。石材的选择范围很广,有石灰石、砂岩、页岩、花岗岩等,而且颜色也很丰富,有白色、淡紫色、粉红色、浅黄色、黑色等,应有尽有。

木材:木质铺装给人以柔和、亲切的感觉,它的获取(包括制造、运输和供应)所需要的能量小,对环境所带来的负荷也小,而且越是自然、未经处理的木材,其可循环利用的能力越强。木材不但富有质感和较好的可塑性,而且具有生命力,随着时间的推移,地衣和苔藓的附着,都会逐渐改变其色彩,使其越来越自然地融入园林环境中。

混凝土:混凝土铺装造价低廉、铺设简单,具有极强可塑性,可以根据需要制成各种形状,而且耐久性也很高。将其混入着色剂后还能制成各种颜色的彩色混凝土,满足不同的铺装需要。混凝土铺装有一个最大的缺点,就是一旦铺设就很难破碎和移动,因此在铺设前一定要考虑清楚。

砖:砖铺路面施工简单,形式多样,是园路铺设常用的材料。各类铺装地砖只要经过精心的烧制,都能同混凝土一样坚固耐久。砖的颜色繁多,可以拼铺出许多图案,效果很好。

此外,随着科技的发展,以前很少在园林中被运用的材料,现在也开始使用了,如金属、玻璃材料等。金属材料以它独特的性能(耐腐、轻盈、高雅、光辉、质地、力度)以及良好的强度和可塑性等赢得了设计师的青睐;而玻璃作为一种具有独特个性的现代材料,特点与众不同,它清澈明亮,质感光滑坚硬而易脆,具有对光线透射、折射、反射等多种物理特性,使其能在众多材料中脱颖而出。另外,玻璃轻盈剔透的外形还易与石材、金属等形成极强烈的对比,从而达到特殊的景观艺术表现力。

任务完成效果评价

学生按照既定计划按步骤完成学习和工作任务,提交学习成果(课堂笔记和作业)、工作成果及体会。

任务完成效果评价表

班级		小组		姓名				日期				
序号	考核项目		考核指标	考核等级				等级分值				
				A	B	C	D	A	B	C	D
				好	较好	一般	较差	10	8	6	4
1	铺装设计		与立意和环境充分结合;图案纹样,平面造型与透视效果美观								
2	尺寸标注		尺寸标注准确,无遗漏项目且符合尺寸标注规则								
3	图纸表现		图例表达准确,比例采用恰当,符合制图标准和规范								
学生自评分:			学生互评分:					教师评价分:			
综合评价总分(自评分×0.2+互评分×0.3+教师评价得分×0.5):											
学生对该教学方法的意见和建议:											
对完成任务的意见和建议:											

注:如果对项目的设置、教师在引导项目完成过程中的表现以及完成项目好的建议,请填写"对完成任务的意见和建议"。

知识拓展

1. 园路路面铺装的特殊要求

(1)园路路面应具有装饰性,以多种多样的形态、花纹来衬托景色,美化环境。在进行路面图案设计时,应与景区的意境相结合,即要根据园路所在的环境,选择路面的材料、质感、形式、尺度与研究路面图案的寓意、趣味,使路面更好地成为园景的组成部分。

(2)园路路面应有柔和的光线和色彩,减少反光、刺眼的感觉。

(3)路面应与地形、植物、山石等配合。

2. 铺装实例

整体现浇铺装、片材贴面铺装、板材砌块铺装、砌块嵌草铺装、花街铺地、步石、汀步。

(1)整体现浇铺装(图4-3-1)

普通抹灰:用水泥砂浆在路面表层做保护装饰层或磨耗层,水泥砂浆可用1:2或1:2.5的比例,常以粗沙配制。

彩色水泥抹灰:在水泥中加各种颜料配制成彩色水泥,对路面进行抹灰,可做出彩色水泥路面。

水磨石饰面:一种比较高级的装饰型路面,有普通水磨石和彩色水磨石两种做法。水磨石面层的厚度一般为10~20 mm,是用水泥和彩色细石子调制成水泥石子浆,铺好面层后打磨光滑。

露骨料饰面:一些园路的边带或做障碍性铺装的路面,常采用混凝土露骨料饰面,做成装饰性边带。这种路面立体感较强,能够和其他的平整路面形成鲜明的质感对比。

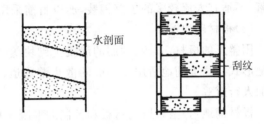

图4-3-1 整体现浇铺装

(2)片材贴面铺装

一般用在小游园、庭园、屋顶花园等面积不太大的地方。如果铺装面积过大,路面造价将会太高,经济上常不能允许。片材是指厚度为5~20 mm的装饰性铺地材料,常用的片材主要是花岗岩、大理石、釉画墙地砖、陶瓷广场砖和马赛克等。这类材料铺地一般都是在整体现浇的水泥混凝土路面上采用。在混凝土面层上铺垫一层水泥砂浆,主要起路面找平与结合作用。水泥砂浆结合层的设计厚度为10~25 mm,可根据片材具体厚度而定;水泥与砂浆采用1:2.5的配合比。用片材装饰的路面,其边缘最好设置道牙石,以使路边更加整齐和规范。

花岗岩铺地:一种高级的装饰性地面铺装。花岗岩可采用红色、青色、灰绿色等,要先加工成正方形或长方形的薄片,才能用来铺贴地面。其加工规格的大小可根据设计而定,一般采取500 mm×500 mm,500 mm×700 mm,700 mm×700 mm,600 mm×900 mm等尺寸。大理石铺地与花岗岩相同。

石片碎拼铺地:大理石、花岗岩的碎片价格较便宜,用来铺地很划算,既装饰了路面,又可减少铺路经费。形状不规则的石片在地面铺贴出的纹理多数是冰裂纹,使路面显得比较别致(图4-3-2)。

 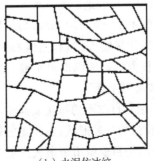

（a）块石冰纹　　　　　　（b）水泥仿冰纹

图4-3-2 冰裂纹路面

釉面墙地砖铺地:具有丰富的颜色和表面图案,尺寸规格也很多,在铺地设计中选择余地很大。釉面墙地砖商品规格主要有 100 mm×200 mm,300 mm×300 mm,400 mm×400 mm,400 mm×500 mm,500 mm×500 mm 等。

陶瓷广场砖铺地:这类广场砖多为陶瓷或琉璃质地,产品基本规格是 100 mm×100 mm,略呈扇形,可以在路面组合成直线的矩形图案,也可以组合成圆形图案。广场砖比釉面墙地砖厚一些,其铺装路面的强度也大一些,装饰路面的效果比较好。

马赛克铺地:庭院内的局部路面还可以用马赛克铺地,如古波斯的伊斯兰式庭院道路就经常使用这种铺地。马赛克色彩丰富,容易组合地面图纹,装饰效果较好,但铺在路面较易脱落,不适宜人流较多的道路铺装,所以目前采用马赛克装饰路面的并不多见。

(3)板材砌块铺装

用整形的板材、方砖、预制的混凝土砌块等铺在路面,作为道路结构面层的都属于这类铺地形式。这类铺地适用于一般的散步游览道、草坪路、岸边小路和城市游憩林荫道、街道上的人行道等。

板材铺地:打凿整形的石板和预制的混凝土板,都能用作路面的结构面层。这些板材常用在园路游览道的中带上,作路面的主体部分;也常用作较小场地的铺地材料。

石板:一般被加工成 497 mm×497 mm×50 mm,697 mm×497 mm×60 mm,997 mm×697 mm×70 mm 等规格,其下直接铺 30～50 mm 沙土做找平的垫层,可不做基层;或者以砂土层作为间层,在其下设置 80～100 mm 厚的碎(砾)石层做基层。石板下不用沙土垫层,而用 1:3 水泥砂浆或 4:6 石灰砂浆做结合层,可以保证面层更加坚固和稳定。

混凝土方砖:正方形,常见的规格有 297 mm×297 mm×60 mm,397 mm×397 mm×60 mm 等,表面经过翻模加工为方格纹或其他图纹,用 30 mm 厚细沙土做找平垫层铺砌。

预制混凝土板:其规格尺寸按照具体设计而定,常见有 497 mm×497 mm,697 mm×697 mm 等规格,铺砌方法同石板一样。不加钢筋的混凝土板,其厚度不要小于 80 mm;加钢筋的混凝土板,最小厚度可仅为 60 mm,所加钢筋一般直径为 6～8 mm,间距为 200～250 mm,双向布筋。预制混凝土铺砌板的顶面常加工成光面、彩色水磨石面或露骨料面。

黏土砖铺地:用于铺地的黏土砖规格很多,有方砖、长方砖等。方砖及其设计参考尺寸(单位:mm×mm×mm)有:尺二方砖 400×400×60、尺四方砖 470×470×60、足尺七方砖 570×570×60、二尺方砖 640×640×96、二尺四方砖 768×768×144、大城砖 480×240×130、二城砖 440×220×110、地趴砖 420×210×85、机制标准青砖 240×120×60 等(图 4-3-3)。用黏土砖铺地时,以 30～50 mm 厚地沙土或 3:7 灰土做找平垫层。

方砖铺地一般采用平铺方式,有错缝和顺缝平铺两种做法,铺地的砖纹,在古代建筑庭院中有多种样式。长方砖铺地则即可平铺,也可仄立铺装,铺地砖纹亦有多种样式。如庭院满铺青砖的做法叫"海墁地面"。

预制砌块铺地:用凿打整形的石块或预制的混凝土砌块铺地,也是作为园路结构面层使用的。混凝土砌块可设计为各种形状、各种颜色和各种规格尺寸,还可以相互组合成路面的不同图纹和不同装饰色块,是目前城市街道人行道及广场铺地最常见的材料之一(图 4-3-4)。

预制道牙铺装:道牙铺装在道路边缘,起保护路面的作用,有用石材凿打整形为长条形的,也有按设计用混凝土预制的。

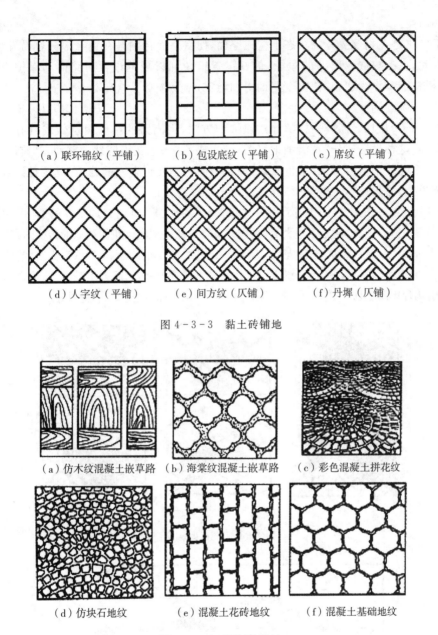

（a）联环锦纹（平铺）　　（b）包设底纹（平铺）　　（c）席纹（平铺）

（d）人字纹（平铺）　　（e）间方纹（仄铺）　　（f）丹墀（仄铺）

图 4-3-3　黏土砖铺地

（a）仿木纹混凝土嵌草路　　（b）海棠纹混凝土嵌草路　　（c）彩色混凝土拼花纹

（d）仿块石地纹　　（e）混凝土花砖地纹　　（f）混凝土基础地纹

图 4-3-4　预制块铺地

（4）砌块嵌草铺装

预制混凝土砌块和草皮相间铺装路面，能够很好地透水透气；绿色草皮呈现点状或线状有规律地分布，在路面形成好看的绿色纹理，美化了路面。采用砌块嵌草铺装的路面主要用在人流量较小的公园散步道路、草坪道路或庭院内道路等处，一些铺装场地，如停车场等，也可采用这些道路铺装。

预制混凝土砌块按照设计可有多种形状，大小也有很多种规格，也可做成各种彩色的砌块。但其厚度都不小于 80 mm，一般厚度设计为 100～150 mm。砌块的形状基本可分为实心和空心两类。

由于砌块是在相互分离的状态下构成路面,使得路面特别是在边缘部分容易发生歪斜、散落。因此,在砌块嵌草路面的边缘,最好设置道牙加以规范以及对路面起保护作用。另外,可用板材铺砌作为边带,使整个路面更加稳定,不易损坏。

(5)砖石镶嵌铺装

用砖、石子、瓦片、碗片等材料,通过镶嵌的方法,将园路的结构面层做成具有美丽图案纹样的路面,这种做法叫作"花街铺地"(图4-3-5)。采用花街铺地的路面,其装饰性很强,趣味浓郁,但铺装中费时费工,造价较高,而且路面也不便行走。因此,在庭院道路和一部分园林游览道上,才采用这种铺装形式。

镶嵌铺装中,一般用立砖、小青瓦瓦片来镶嵌出线条纹样,并组合成基本的图案。再用各色卵石、砾石镶嵌作为色块,填充图形大面,并进一步修饰铺地图案。花街铺地的传统图案纹样种类颇多,有几何纹、太阳纹、卷草纹、莲花纹、蝴蝶纹、云龙纹、鹤纹图(图4-3-6)、涡纹、宝珠纹、如意纹、席字纹、回字纹、寿字纹等,还有镶嵌出人物事件图像的铺地,如胡人引驼图、厅兽葡萄图、八仙过海图、松鹤延年图、桃园三结义图、赵颜求寿图、凤戏牡丹图、牧童图、十美图等。

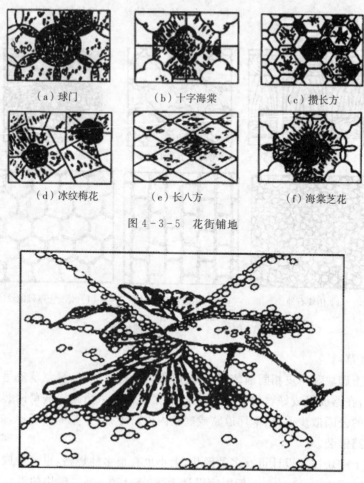

(a)球门　　　(b)十字海棠　　　(c)攒长方

(d)冰纹梅花　　　(e)长八方　　　(f)海棠芝花

图4-3-5　花街铺地

图4-3-6　鹤纹

（6）步石和汀步

步石是置于陆地上的天然或人工整形块石，多用于草坪、林间、岸边或庭院等处。汀步是设在水中的岩石。可自由地布置在溪涧、滩地和浅池中。块石间距离按游人步距放置（一般净距为 200～300 mm）。

步石和汀步的块料可大可小，形状不同，高低不等，间距也可灵活变化，路线可直可曲，最宜自然弯曲，轻松、活泼、自然，极富野趣。也可用水泥混凝土仿制成树桩或荷叶形状，如图 4-3-7 所示。

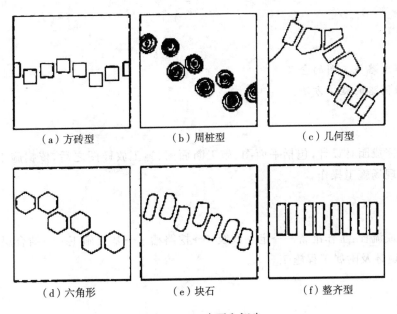

| （a）方砖型 | （b）周桩型 | （c）几何型 |

| （d）六角形 | （e）块石 | （f）整齐型 |

图 4-3-7 步石和汀步

思考与练习

请为学院的小游园绘制三种地面铺砖效果图（采用瓷砖＋细卵石、冰纹片＋卵石、青砖或吸水砖＋冰纹片等材料设计）。

随堂测验

1.（　　）主要指现浇的水泥混凝土路面，这种路面在受力后发生混凝土板的整体作用，具有较强的抗弯强度，以钢筋混凝土路面的强度最大。

A. 刚性路面　　　　B. 碎料路面　　　　C. 块料路面　　　　D. 整体路面

2. 园路的路面结构不包括（　　）。

A. 面层　　　　　　B. 结合层　　　　　C. 路基　　　　　　D. 基层

任务四 园路施工

园路的施工是园林总体施工的一个重要组成部分,园林工程的重点在于控制好施工面的高程,并注意与园林其他设施在高程上相协调。施工中,园林路基和路面基层的处理只要达到设计要求牢固和稳定性即可,而路面面层的施工,则要求更加精细,更加强调对质量的要求。

学习目标

- 了解道路施工图的含义。
- 掌握园路的施工方法。

任务提出

在个人完成园林设计,包括平面图、施工断面图、施工放样图之后,依据施工图,在教师指导下进行现场施工操作。

任务分析

任务完成流程:工作准备——→定点放线——→挖路槽——→基层施工——→结合层施工——→面层施工——→道牙及附属工程施工。

任务实施

步骤一 工作准备

木桩、皮尺、绳子、模板、石夯(蛙式夯)、水泥、碎石、砂浆、面层材料、铁锹、运输工具等。

步骤二 定点放线

按道路设计的中线,在地面上每 20～50 m 放 1 个中心桩,在弯道的曲线上应在曲头、曲中和曲尾各放 1 个中心桩,并在各中心桩上写明桩号,再以中心桩为准,根据路面宽度定边桩,最后放出路面的平曲线。

现场放线时,园林和广场的选线定点要充分考虑环境和地形因素以及各方面的技术和经济条件,本着美观、舒适、方便、节约的基本原则,慎重地进行规划布置(图 4-4-1)。

步骤三 挖路槽

按设计路面的宽度,每侧放出 20 cm 挖槽,路槽的深度应等于路面的厚度,槽底应有2‰～3‰的横坡度。路槽做好后,在槽底洒水,使之潮湿,然后用蛙式跳夯夯 2～3 遍,路槽平整度允许误差不大于 2 cm。

路基摊铺整平可采用平地机、推土机配合人工进行,摊铺平整后再用平碾压路机碾压1～2遍,可使其表面平整。

步骤四 基层施工

根据设计要求准备铺筑的材料。在铺筑时应注意,对于灰土基层,一般实厚为 15 cm,虚铺厚度,由于土壤情况不同为 21～24 cm;对于炉灰土,虚铺厚度为压实厚度的 160%,即压实 15 cm,虚铺厚度为 24 cm。

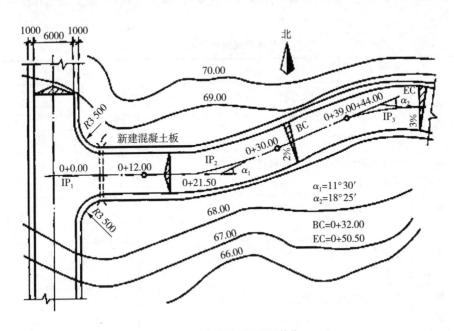

图 4-4-1 园路设计平面图(单位:mm)

步骤五 结合层填筑

一般用 M7.5 水泥、白灰、砂混合砂浆或 1:3 白灰砂浆。砂浆摊铺宽度应大于铺装面 5～10 cm,已拌好的砂浆应当日用完,也可以用 3～5 cm 的粗砂均匀摊铺而成。特殊的石材料铺地,如整齐石块和条石块,结合层采用 M10 号水泥砂浆。

步骤六 面层施工

在完成的路面基层上,重新定点、放线,每 10m 为一施工段落,根据设计标高、路面宽度定边桩、中桩,打好边线、中线。设置整体现浇路面边线处的施工挡板,确定砌块路面列数及拼装方式,面层材料输入施工现场。

步骤七 道牙及附属工程施工

道牙基础宜与路床同时填挖碾压,以保证密度均匀,具有整体性。弯道处的道牙最好事先预制成弧形,道牙的结合层常用 M5 水泥砂浆,厚 2 cm,应安装平稳牢固。道牙间缝隙为 1 cm,用 M10 水泥砂浆勾缝。道牙背后路肩用夯实白灰土保护,厚 10 cm、宽 15 cm,亦可自然夯实。附属工程一般包括雨水口及排水明沟。对于先期的雨水口,园路施工(尤其是机具压实或车辆通行时)应注意保护。如有破坏,应及时修筑。一般雨水口进水篦子的上表面低于周围路面 2～5 cm。

土质明沟设计挖好后,应对沟底及边坡适当夯实。

砖(或块石)砌明沟,按设计将沟槽挖好后,充分夯实。通常以 MU7.5 砖(或 80～100 mm 厚的块石)用 M2.5 水泥砂浆砌筑,砂浆应饱满,表面平整、光洁。

任务完成效果评价

学生按照既定计划按步骤完成学习和工作任务,提交学习成果(课堂笔记和作业)、工作成果及体会。

任务完成效果评价表

班级		小组		姓名				日期			
序号	考核项目	考核指标		考核等级				等级分值			
				A	B	C	D	A	B	C	D
				好	较好	一般	较差	10	8	6	4
1	准备工作	材料准备充分,实训工具调试完备,施工图纸内容翔实									
2	操作能力	完成规定的操作技术;严格按照工程组织设计的计划进行施工									
3	质量要求	各项评价指标符合工程评价的一级指标标准									
4	能力创新	能够根据现场的情况做出科学合理的调整									
学生自评分:			学生互评分:				教师评价分:				
综合评价总分(自评分×0.2+互评分×0.3+教师评价得分×0.5):											
学生对该教学方法的意见和建议:											
对完成任务的意见和建议:											

注:如果对项目的设置、教师在引导项目完成过程中的表现以及完成项目好的建议,请填写"对完成任务的意见和建议"。

知识拓展

不同面层园林的施工技术

1. 水泥混凝土面层施工

(1)面层施工

准备工作:核实、检验和确认路面中心线、边线以及各设计标高点正确无误。

钢筋网的绑扎:如果是钢筋混凝土面层,则按设计选定钢筋并编扎成网。钢筋网应在基层表面以上架离,架离高度应距混凝土面层顶面 50 mm。钢筋网接近顶面设置要比在底部加筋更能防止表面开裂,也更便于充分捣实混凝土。

材料的配制、浇筑和捣实:按设计的材料比例配制、浇筑、捣实混凝土,并用长 1 m 以上的直尺将顶面刮平。待顶面稍干,再用抹灰砂板抹平至设计标高。施工中要注意做出路面的横坡与纵坡。

养护管理:混凝土面层施工完成后即时开始养护。养护期应为7天以上,冬季施工后的养护期还应更长些。可用湿的织物、稻草、锯木粉、湿砂及塑料薄膜等覆盖在路面上进行养护。冬季寒冷,养护期中要经常用热水浇洒,对路面保温。

路面装饰:路面要进一步进行装饰的,可按下述的水泥路面装饰方法继续施工。不再进行路面装饰的,则待混凝土面层基本硬化后,用锯割机每隔7～9 m锯缝1道,作为路面的伸缩缝。伸缩缝也可在浇筑混凝土之前预留。

(2)面层装饰施工

水泥路面装饰的方法有很多种,要按照设计的路面铺装方式来选用合适的施工方法。常见的施工方法及其施工技术要领主要有以下内容。

① 普通抹灰与纹样处理:用普通灰色水泥配制成1∶2或1∶2.5的水泥砂浆,在混凝土面层浇筑后尚未硬化时进行抹面处理,抹面厚度为10～15 mm。当抹面层初步收水、表面稍干时,再用下面的方法进行路面纹样处理。

滚花:用以钢丝网做成的滚筒或者用以模纹橡胶裹在300 mm直径铁管外做成的滚筒,在经过抹面处理的混凝土面板上滚压出各种细密纹理。滚筒长度1 m以上为好。

压纹:利用一块边缘有许多接齐凸点或凹槽的木板或木条,在混凝土抹面层上挨着压下,一边压一边移动,就可以将路面压出纹样,起到装饰作用。用这种方法时,要求抹面层的水泥砂浆含砂量较高,水泥与砂的配合比可为1∶3。

锯纹:在初浇的混凝土表面,用一根直木条如同锯割般来回移动,一边锯一边前移,即能够在路面锯出平行的直纹,有利于路面防滑,又有一定的路面装饰作用。

刷纹:最好使用弹性钢丝做成刷纹工具,刷子宽450 mm,刷毛钢丝长100 mm左右,木把长1.2～1.5 m。用这种钢丝刷在未硬的混凝土面层上,可以刷出直纹、波浪纹或其他形状的纹理。

② 彩色水泥抹面装饰:水泥路面抹面层所用的水泥砂浆可通过添加颜料而调制成彩色水泥砂浆,用这种材料可做出彩色水泥路面。彩色水泥在调制中使用的颜料需选用耐光、耐碱、不溶于水的无机矿物颜料,如红色的氧化铁红、黄色的柠檬铬黄、绿色的氧化铬绿、蓝色的钴蓝和黑色的炭黑等。

③ 彩色水磨石饰面:用彩色水泥石子砂浆罩面,再经过磨光处理而做成的装饰性路面。按照设计,在平整、粗糙、已基本硬化的混凝土路面面层上弹线分格,用玻璃条、铝合金条(或铜条)做分格条。然后在路面刷上一道素水泥浆,再用1∶1.25～1∶1.5的彩色水泥细石子砂浆铺面,厚度8～15 mm。铺好后拍平,表面用滚筒压实,待出浆后再用抹子抹平。用作水磨石的细石子,如采用方解石和普通灰色水泥做成的就是普通水磨石路面;如果用各种颜色的大理石碎屑,再用不同颜色的彩色水泥配制在一起,就可做成不同颜色的彩色水磨石地面。水磨石的开磨时间应以石子不松动为准,磨后将泥浆冲洗干净,待稍干时用同色水泥砂浆涂擦一遍,将砂眼和脱落的石子补好。第2遍用100～150号金刚石打磨,第3遍用180～200号金刚石打磨,方法同前。打磨完成后洗掉泥浆,再用1∶20的草酸水溶液清洗,最后用清水冲洗干净。

④ 露骨料饰面:采用这种饰面方式的混凝土路面和混凝土铺砌板,其混凝土应该用粒径较小的卵石配制。混凝土露骨料主要是采用刷洗的方法,在混凝土浇筑好后2～6 h内就

应进行处理,最迟不得超过浇筑好后 16～18 h。刷洗工具一般用硬毛刷子和钢丝刷子。刷洗应当从混凝土板块的周边开始,要同时用充足的水把刷掉的泥浆洗去,把每一粒暴露出来的骨料表面都洗干净。刷洗后 3～7 天内再用 10％的盐酸水洗 1 遍,使暴露的石子表面色泽更明净,最后还要用清水把残留盐酸完全冲洗掉。

2. 片块状材料的地面砌筑

片块状材料路面面层,在面层与道路基层之间所用结合层的做法有两种:一种是用湿性的水泥砂浆、石灰砂浆或混合砂浆作结合材料,另一种是用干性的细砂、石灰粉、灰土(石灰和细土)、水泥粉砂等作为结合材料或垫层材料。

(1)湿法砌筑

用厚度为 15～25 mm 的湿性结合材料,如用 1∶2.5 或 1∶3 水泥砂浆、1∶3 石灰砂浆、M2.5 混合砂浆或 1∶2 灰泥浆等,垫在路面面层混凝土板上面或垫在路面基层上面作为结合层,然后在其上砌筑片状或块状贴面层。砌块之间的结合以及表面抹缝亦用这些结合材料。以花岗岩、釉面砖、陶瓷广场砖、碎拼石片、马赛克等片状材料贴面铺地,都要采用湿法铺砌,用预制混凝土方砖、砌块或黏土砖铺地也可以用这种砌筑方法。

(2)干法砌筑

以干性粉砂状材料作为路面面层砌块的垫层和结合层,常见的材料有干砂、细砂土、1∶3 水泥干砂、1∶3 石灰干砂、3∶7 细灰土等。砌筑时,先将粉料材料在路面基层上平铺 1 层,用干砂、细土做垫层,厚度为 30～50 mm,用水泥砂、石灰砂、灰土作结合层厚度为 25～35 mm,铺好后找平。然后按照设计的砌块、砖块拼装图案,在垫层上拼砌成路面面层。路面每拼装好一小段,就用平直的木板垫在顶面,以橡皮锤在多处震击,使所有砌块的顶面都保持在同一个平面上,这样可将路面铺装得十分平整。路面铺好后,再用干燥的细砂、水泥粉、细石灰粉等撒在路面上,并扫入砌块缝隙中,使缝隙填满,最后将多余的灰砂清扫干净。以后,砌块下面的垫层材料将慢慢硬化,使面层砌块和下面的基层紧密结合为一体。适宜采用这种干法砌筑的路面材料主要有石板、整形石块、混凝土铺路板、预制混凝土方砖和砌块等。

3. 地面镶嵌与拼花

施工前,要根据设计的图样准备镶嵌地面用的砖石材料。设计有精细图形的,先要在细密质地的青砖上放好大样,再细心雕刻,做好雕刻花砖,施工中可镶嵌在铺地图案中。要精心挑选铺地用的石子,挑选出的石子应按照颜色、大小以及长扁形状的不同分类堆放,铺地拼花时才能方便使用。

施工时,先要在已做好的道路基层上铺垫一层结合材料,厚度一般为 40～70 mm。垫层结合材料主要有 1∶3 石灰砂、3∶7 细灰土、1∶3 水泥砂等,用干法砌筑或湿法砌筑都可以,但砌筑干法施工更为方便一些。在铺平的松软垫层上,按照预定的图样开始镶嵌拼花,一般用立砖、小青瓦瓦片拉出线条、纹样和图形图案,再用各色卵石、砾石镶嵌做花,或者拼成不同颜色的色块,以填充图形大面。然后,经过进一步修饰和完善图案纹样,并尽量整平铺后就可以定稿。定稿后的铺地地面仍要用水泥干砂、石灰干沙撒布其上,并扫入砖石缝隙中填实。最后,除去多余的水泥石灰干砂,清扫干净,再用细孔喷壶对地面喷洒清水,稍使地面湿润即可,不能用大水冲击或使路面有水流淌,完成后养护 7～10 天。

4. 嵌草路面的铺砌

无论用预制混凝土铺路板、实心砌块、空心砌块,还是用顶面平整的乱石、整形石块或石板,都可以铺装成砌块嵌草路面。施工时,先在整平压实的路基上铺垫1层种植土做垫层。种植土要求比较肥沃,不含粗颗粒物,铺垫厚度为 $100\sim150$ mm。然后在垫层上铺砌混凝土空心砌块或实心砌块,砌块缝中半填种植土,并播种草子。

实心砌块的尺寸较大,草皮嵌种在砌块之间预留的缝中。草缝设计宽度可为 $20\sim50$ mm。缝中填土达砌块高的 $2/3$。砌块下面如上所述用种植土做垫层并起找平作用,砌块要铺装得尽量平整。实心砌块嵌草路面上,草皮形成的纹理是线网状的。

空心砌块的尺寸较小,草皮嵌种在砌块中心预留的孔中。砌块与砌块之间不留草缝,常用水泥砂浆黏结。砌块中心孔填土亦为砌块高的 $2/3$,砌块下面仍用种植土做垫层找平,使嵌草路面保持平整。空心砌块嵌草路面上,草皮呈点状而有规律地排列。要注意的是,空心砌块的设计制作一定要保证砌块的结实坚固和不易损坏,因此其预留孔径不能太大,孔径最好不超过砌块直径的 $1/3$。采用砌块嵌草铺装的路面,砌块和嵌草层是道路的结构面层,其下只能有一个种植土垫层,在结构上没有基层,只有这样的路面结构才能有利于草皮的存活与生长。

思考与练习

生态砖铺装实训。

随堂练习

1. 关于园林道路施工工序正确的是(　　　)。

A. 施工前准备、测量放线、铺筑基层、铺筑结合层、准备路槽、面层的铺筑、道牙

B. 施工前准备、测量放线、准备路槽、铺筑基层、道牙、铺筑结合层、面层的铺筑

C. 施工前准备、测量放线、准备路槽、铺筑基层、铺筑结合层、面层的铺筑、道牙

D. 施工前准备、测量放线、道牙、准备路槽、铺筑基层、铺筑结合层、面层的铺筑

2. 利用块料铺筑路面时,用于粘接、找平排水而设置的路面结构层是(　　　)。

A. 面层　　　　　　B. 结合层　　　　　　C. 路基　　　　　　D. 基层

3. 下面(　　　)不属于园路的附属工程。

A. 道牙　　　　　　B. 台阶　　　　　　C. 礓礤　　　　　　D. 路面

4. 准备改路槽应该按设计路面的宽度每侧放出(　　　)挖槽。

A. 10 cm　　　　　　B. 20 cm　　　　　　C. 30 cm　　　　　　D. 50 cm

5. 路槽的深度应比路面的厚度小(　　　)cm。

A. 18～20　　　　　　B. 15～18　　　　　　C. 10～15　　　　　　D. 3～10

6. 在纵坡超过 15% 时,为了能通行车辆,将斜面做成三层齿形切支道,称为(　　　)。

A. 道牙　　　　　　B. 礓礤　　　　　　C. 台阶　　　　　　D. 路面

7. 在季节性冰冻地区,地下水位高,粉砂性地基由于毛细管的作用,水分上升到路面下。冬季在路面下形成冰粒,体积增大,路面会隆起;到春季上层冻土融化而下层尚未融化,使地基变成湿软橡皮状,路面承载力下降。这时如果车辆通行时,路面下陷,临近部分隆起

并将泥土从裂缝中挤出来,使路面破坏这种现象叫(　　)。

　　A. 裂缝　　　　　　B. 凹陷　　　　　C. 啃边　　　　　D. 翻浆

8.(多选)水泥路面的装饰施工方法有(　　)。

　　A. 彩色水泥抹面装饰　　　　　　　　B. 彩色水磨石饰面

　　C. 露骨料饰面　　　　　　　　　　　D. 纹样处理

9.(多选)以下关于广场工程的施工准备工作描述正确的是(　　)。

　　A. 材料准备,准备施工机具,基层和面层的铺装材料以及施工中需要其他材料

　　B. 清理施工现场

　　C. 场地放线,按照施工坐标放方格网,将所有坐标点测放在场地上并打桩定点

　　D. 以坐标点为准,根据广场设计图在场地地面上放线,场地放线,主要是地面设施范围和挖方区、填方区之间的零点线。

项目五　山石工程

山石是十分重要的造园要素之一，山石工程是园林工程中重要的组成部分。园林山石工程包括置石工程、假山工程和塑山工程。

任务一　置石工程

园林置石工程是指以山石为材料做独立性或附属性的造景布置，主要表现山石的个体美和局部的组合美。置石在园林环境中具有独特的观赏价值，常结合植物、建筑、水体、道路、广场与地形组成各种园林景观，常见的布置方式有特置、对置和散置。置石施工取材方便、应用灵活，能以较少的费用取得较好的景观效果，成为园林建设的专项工程。

学习目标

- 了解置石在园林环境中的作用。
- 了解各种置石方式在园林中的运用。
- 掌握园林中置石工程的施工准备及施工工艺。
- 掌握园林中置石的布置形式。

任务提出

由于置石应用的灵活性，使得其应用于很多建设项目中，其施工也显得尤为重要。置石的施工是一个从天然到再创造的过程，施工质量的好坏不仅取决于从受力分析上能否满足石体的稳定，更关键的是施工前的准备工作及施工工艺。

任务分析

在应用置石之前，首先要了解与置石相关的理论知识；其次，做好置石施工前的准备工作，包括石料的选购、运输和分类以及施工工具的准备；最后，完成置石的施工工艺，包括景石定位、施工放线、挖槽、摆放景石、清洁景石、检查。

任务完成流程：施工准备——→景石的定位和施工放线——→挖槽——→景石施工——→验收与检查。

任务实施

步骤一　施工准备

1. 石材准备

① 石料的选购

石料的选购是设计师根据置石设计的大体需要而决定的。设计师要因地制宜,所选石料力求达到自然、协调和统一。首先,石料的品种、质地要一致。不同石料的石性特征不同,强行将品种、质地不同的石料混在一起组景,必然违反了自然山川岩石构成的规律。即使是同一种石质,其色泽相差也很大,比如湖石种类中,有发黑的,泛灰白色的,呈褐黄色的和发青色的等。黄石也是如此,有淡黄、暗红、灰白等的变化。因此,品种质地一致的石料的组合在色泽上也应力求一致才好。其次,石料有新、旧和半新半旧之分。采自山坡的石料,由于其暴露于地面,经常年风吹雨打,天然风化明显,此石叠石造山,易得古朴美的效果。而从土中扒上来的石料,表面有一层土锈,用此石堆山,需经长期风化剥蚀后才能达到旧石的效果。有的石头一半露出地面,一半埋于地下,则为半新半旧之石。最后,需注意的是到产地选购石料,有一般景石和独块景石之别。一般景石是指不分大小、好坏,混合出售之石。选购一般景石无须一味求大、求整,因为石料过大过整,置石时将有很多技法用不上,最终反倒使山石造型过于平整而显呆板;过碎过小也不好,石料过碎过小,置放再好也难免有人工痕迹。所以,选购石料可以大小搭配,对于有破损的石料,只要能保证大面没有损坏就可以选用。在实际置石时,大多情况下山石只有两个面向外,其他的面经过遮掩是看不到的。当然,如果能尽量选择没有破损的石料是最好的,至少可以有多几个面供具体施工时选择和合理使用。总之,选择一般景石时注意:大小搭配,形态多变,石质、石色、石纹应力求基本统一。

独块景石造型以单块成形,单块论价出售。单块峰石四面可观者为极品,三面可赏者为上品,前后两面可看者为中品,一面可观者为末品。根据景石安置的位置综合考虑选购一定数量的峰石。

② 石料的运输

石料的运输,最重要的是防止石料被损坏。一般景石最易被损坏的运输环节是装货时的吊装过程和运输车到达目的地的卸货过程。用汽车运输至施工现场时常常由吊装机械卸料,应特别注意石料卸运的各个环节,宁可慢一些,多费一些人力、物力,也要尽力想办法防止石料破损。独块景石的运输更要求其不受损。一般在运输车中放置黄沙或虚土,高约20 cm左右,而后将峰石仰卧于沙土之上,这样可以保证独块景石的安全。

③ 石料的分类

石料到工地后应分块平放在地面上以供选择使用。同时,还必须将石料进行有秩序的排列放置。一般上好的独块景石,应放在最安全的地方。按施工造型的程序,独块景石多是作为最后使用的,故应放于离其他景石稍远一点的地方,以防止其他石料在使用吊装的过程中与之发生碰撞而造成损坏。其他石料可按其不同的形态、作用和施工造型的先后顺序合理安放。如重要的景石有利于区分特征的,分散开放置以便在将来的摆放中避免起吊机械地挪位;大小石料搭配放置,等等。要使每一块石料的大面即最具形态特征的一面朝上,以便施工时不须翻动就能辨认而取用。石料与石料之间须留有较宽裕的通道(约1.5 m),以供搬运石料之用。距离近的,可相互搭接,使得在施工过程中便于绑绳和移动。从置石大面的最佳观赏点到置石的施工场地,一定要保证其空间地面的平坦并无任何障碍物。设计师每摆放一块石料,都要从摆放山石处再退回到最佳观赏点的位置上进行斟酌,这是保证石料大面不偏向的极其重要的细节。置石施工的进料,要根据设计师的摆放进度进行统筹计划和安排,进料过多或过少都会影响景石摆放的效果和进度。

2. 施工工具的准备

拥有并能熟练地运用一整套适用于各种规模和类型的置石的施工工具和机械设备,是保证置石工程的施工安全、施工进度和施工质量的极其重要的环节。

置石作为一门传统的技艺,历史上都是以人抬肩扛的手工操作进行施工的。今天,吊装机械设备的使用代替了繁重的体力劳动,但其他的手工操作部分却仍然离不开一些传统的操作方式及有关工具,所以叠石造山不仅要掌握传统的手工操作工具的使用方法,同时又要正确熟练地使用机械吊装工具和设备。

(1)手工工具与操作

手工工具如铁锹、镐、钯、铁锤、皮锤、杠、钢丝绳、刷子、撬棍等。

① 铁锤

在置石施工中,铁锤主要用于敲打山石多余的不便于摆放和掩埋的部位。石纹是石的表面纹理脉络,而石丝则是石质的丝路。石纹有时与石丝同向运动,但有时也不一样。所以要认真观察一下所要敲打的山石,找准丝向,而后顺丝敲剥。

② 刷子

刷子主要用于置石摆放完毕后的扫刷,它要求将置石露出地面的部位扫刷干净,使置石的本色表现出来。

③ 钢丝绳

用钢丝绳捆绑山石进行吊装或搬运,其优点是抗滑、结实。山石的捆吊不是随意的,要根据山石在堆叠时放置的角度和位置进行捆吊。最后还要尽量使捆绑山石的绳子不能在山石摆放时被石料压在下面,要便于抽出。绳子的结扣既要易打又要好松,还不能松开滑掉,而是要越抽越紧,即山石自身越重,绳扣越紧。

(2)机械工具

置石需要的机械包括运输机械和起吊机械。对于一些大型的置石工程,吊装设备尤显重要,在不同的施工条件下,选择合适的吊车可以完成所有的吊装工作。

步骤二 景石定位和施工放线

根据设计的位置,圈定整个置石工程的范围以及高程的相对关系。一般情况下,高程的定位是比较主要的,置石与路面、河流、建筑的高程关系是整个工程成功与否的关键。

步骤三 挖槽

根据石料的大小挖槽。石料的形态各不相同,但每一块石料都要保证大面平整不偏向,并使石料的好面按照高程要求尽可能多地显露出来。因此,挖槽的范围与深度需要根据现场石料的形态和美学的要求进行。

步骤四 景石施工

摆放景石是整个置石工程中最重要的一步,因为置石的空间变化都立足于这一层。如果景石的摆放不到位,以后无论植物再怎样搭配遮盖都无济于事。摆放景石应注意以下要点:

1. 统筹考虑

根据造景条件,特别是游览路线和风景透视线的关系,统筹确定置石的主次关系,根据主次关系安排置石组合的单元,从置石组合单元的要求来确定整个置石工程的发展体势。要精于处理主要视线方向的画面以作为主要朝向,然后再照顾到次要的朝向,简化地处理那些视线不可及的一面。

2. 曲折错落

置石的平面构图一定要破平直为曲折,变规则为错落。在平面上要形成具有不同间距、不同转折半径、不同宽度、不同角度和不同支脉的变化,或为斜八字形,或为各式曲尺形,为假山的虚实、明暗的变化创造条件。

3. 断续相间

置石所构成的外观不是连绵不断的,要为中层"一脉既毕,余脉又起"的自然变化做准备。因此在选材和用材方面要灵活运用,或因需要选材,或因材施用。用石的大小和方向要严格地按照皴纹的延展来决定。大小石材成不规则的相间关系安置,从外观上做出"下断上连""此断彼连"等各种变化。

4. 紧连互咬

外观上要有断续的变化而相邻的景石却必须一块紧连一块,接口力求紧密,最好能互相咬住。要尽可能争取做到"严丝合缝",因为置石是"集零为整",使一块块独立不同的景石结合成为一组景观,这是影响置石稳定性的又一重要因素。实际上山石之间是很难完全自然地紧密相连的,这就要设计师现场的细致观察和创造性的摆放,使其互相咬住,共同制约,最后连成整体。

5. 垫平安稳

置石大多数都要求以大而水平的面向上,这样摆放美观且有实用功能。为了保持山石上面水平,常需要根据石料底部形态填土垫平以保持大面水平。

步骤五 验收与检查

在景石排放完后,要注意保持景石露出面的清洁,要仔细去掉影响景石纹理美感的泥土,清洁后的置石才能充分地展露出其独特的艺术特质。由于置石施工中的石料重量比较大,如果不稳定会带来安全隐患,尤其是在人流相对集中的区域,安全是最重要的一步,所以在置石施工结束后,要仔细地检查石料摆放的稳定性。

置石在工程结构方面要求稳定和耐久,关键是掌握山石的重心线使山石本身保持重心的平衡。

任务完成效果评价

学生按照既定计划按步骤完成学习和工作任务,提交学习成果(课堂笔记和作业)、工作成果及体会。

任务完成效果评价表

班级：　　　　　学号：　　　　　姓名：　　　　　组别：

考核方法	从学生查阅资料完成学习任务的主动性、所学知识的掌握程度、语言表述情况等方面进行综合评定；在操作中对学生所做的每个步骤或项目进行量化，得出一个总分，并结合学生的参与程度、所起的作用、合作能力、团队精神、取得的成绩进行评定				
任务考核问题	极不满意	不满意	一般	满意	非常满意
	1	2	3	4	5
1. 施工准备					
2. 景石的定位和施工放线					
3. 挖槽					
4. 景石施工					
3. 验收与检查					
学生自评分：		学生互评分：		教师评价分：	
综合评价总分（＝自评分×0.2＋互评分×0.3＋教师评价得分×0.5）：					
学生对该教学方法的意见和建议：					
对完成任务的意见和建议：					

注：如果对项目的设置、教师在引导项目完成过程中的表现以及完成项目好的建议，请填写"对完成任务的意见和建议"。

知识拓展

常见的置石设计形式有哪些？

根据造景作用和观赏效果方面的差异，置石可有特置、对置、散置和作为器设小品等几种布置方式。

1. 特置

特置又称孤置山石、孤赏山石，或称其为峰石。特置山石大多由单块山石布置成独立性的石景，常在环境中做局部主题。特置常在园林中做入口的障景和对景，或置于视线集中的廊间、天井中间、漏窗后面、水边、路口或园路转折的地方。此外，还可与壁山、花台、草坪、广场、水池、花架、景门、岛屿、驳岸等结合来使用。

选石宜体量大，轮廓线突出，姿态多变，色彩突出，具有独特的观赏价值。山石最好具有透、瘦、漏、皱、清、丑、顽、拙等特点。特置山石为突出主景并与环境相谐调，常常石前"有框"（前置框景），石后有"背景"衬托，使山石最富变化的那一面朝向主要观赏方向，并利用植物或其他方法弥补山石的缺陷，使特置山石在环境中犹如一幅生动的画面。特置山石作为视线焦点或局部构图中心，应与环境比例合宜。

2. 对置

把山石沿某一轴线或在门庭、路口、桥头、道路和建筑物入口两侧做对应的布置称为对置。对置由于布局比较规整，给人庄重的感觉，常在规则式园林或入口处多用。对置并非对称布置,作为对置的山石在数量、体量以及形态上无须对等,可挺可卧,可坐可偃,可仰可俯,只求在构图上的均衡和在形态上的呼应,给人以稳定感。

3. 散置

散置常用于布置内庭或散点于山坡上作为护坡。散置按体量不同,可分为大散点和小散点。大散点的处理手法要求的空间比较大,堆叠的材料用量也较多。小散点处理手法则表现出深埋浅露、有断有续、散中有聚、脉络显隐等特点。

散置对石材的要求相对比特置低一些,但要组合得当。常用于园门两侧、廊间、粉墙前、竹林中、山坡上、小岛上、草坪和花坛边缘或其中、路侧、阶边、建筑角隅、水边、树下、池中、高速公路护坡、驳岸或与其他景物结合造景。

散置山石布置特点在于有聚有散,有断有续,主次分明,高低起伏,一脉既毕,余脉又起,层次丰富,比例合宜,以少胜多,以简胜繁,小中见大。

此外,散置山石在布置时尤其要注意石组的平面形式与立面变化。在处理两块或三块石头的平面组合时,应注意石组连线总不能平行或垂直于视线方向,三块以上的石组排列不能呈等腰、等边三角形和直线排列。立面组合要力求石块组合多样化,不要把石块放置在同一高度,组合成同一形态或并排堆放,要赋予石块自然特性的自由。

4. 山石器设

山石器设是指用自然山石做室外环境中的家具器设,如作为石桌凳、石几、石水钵、石屏风等,既有实用价值,又有一定的造景效果。

作为一类休息用的小品设施,山石器设宜布置在其侧方或后方有树木遮阴之处,如在林中空地、树林边缘地带、行道树下等,以免因夏季日晒而游人无法使用。除承担一些实用功能之外,山石器设还可用来点缀环境,以增强环境的自然气息。特别是在起伏曲折的自然式地段,山石器设能够很容易和周围的环境相协调,而且它不怕日晒雨淋,不会锈蚀腐烂,可在室外环境中代替铁木制作的椅凳。

5. 山石花台

园林中常以山石做成花台,种植牡丹、芍药、红枫、竹、南天竺等观赏植物。布置石台是为了相对地降低地下水位,安排适宜的观赏高度,使花木、山石显示相得益彰的诗情画意。

花台要有合理的布局,适当吸取篆刻艺术中"宽可走马,密不容针"的手法,采取占边、把角、让心、交错等布局手法,使之有收放、远近和起伏等对比变化。对于花台个体,则要求平面上曲折有致,兼有大弯小弯,而且曲率和间隔都有变化。如果利用自然延伸的岩脉,立面上要求有高低、层次和虚实的变化,既要有高擎于台上的峰石,也要有低隆于地面的露岩。

6. 与园林建筑相结合的置石

与园林建筑相结合的置石起到了建筑与室外的过渡作用,在某种程度上打破了建筑物的僵硬和呆板,使其表现出一种自然的美。一般置于建筑的抱角和镶隅(设置抱角、镶隅是为了减少墙角线条平板呆滞的感觉而增加自然生动的气氛,置石于外墙角称抱角;置石于内墙角称镶隅)、游廊粉墙、漏窗门洞等处,既可形成对景,又可以作为室内外空间的标志物。此外,山石也可作为园林建筑的台基、护栏和支墩,还可装点建筑物入口。

思考与练习

1. 选择一园林空间环境,对景石的空间布局、布置形式进行设计。

2. 调查和分析现代园林置石存在的问题并找出解决办法。

随堂测验

1. 扬州"个园"中堆叠春山的山石材料是(　　)。

A. 太湖石　　　　　　B. 黄石　　　　　　C. 宣石　　　　　　D. 石笋

2. 湖石的形态特点是(　　)。

A. 方正有棱角,石性浑厚

B. 形态玲珑,表面遍多坳坎,纹路纵横,脉络显稳

C. 有交叉互织的斜纹,多显片状

D. 外形修长如竹笋

3. 对于外墙角,山石环抱之势等包角墙面称为(　　)。

A. 镶隅　　　　　　B. 抱角　　　　　　C. 踏跺　　　　　　D. 蹲配

4. (多选)下列关于置石的描述正确的是(　　)。

A. 特置是由于某单坎山石的姿态突出或玲珑或奇特,就特别摆在一定的地点作为一个小景或局部的一个构图中心来处理,放在正对大门的广场上,门内前庭中或别院中

B. 孤置是指孤主独处布置单个山石,并且山石是直接放置在或半埋在地面上起到点缀环境作用,作为园林局部地方的一般陪衬物使用,也可布置在其他景物之旁

C. 散置是指山石布置在相对的位置上呈对称或者对主对应状态,可起到装饰环境的配置作用,其一般布置在庭院门前西侧,园林主景两侧,路口两侧,园林路坡折点两侧,河口两岸及环境中心

D. 对置是指在建筑物或园林的角隅部分常用的配饰手法

任务二　假山工程

　　假山是以造景、游览为主要目的,充分结合装饰,具有作为驳岸、挡土墙、护坡、花台和室内陈设等功能,以土、石等为材料,模拟自然山水并加以提炼和夸张,用人工再造的山水景物的统称。

学习目标

- 能进行假山施工图绘制。
- 掌握假山施工工艺流程。
- 了解假山材料。

任务提出

　　某公园需要堆砌一座自然山石材料的假山,经与业主协商,最终确定以黄石为主要石材,并有假山平面设计示意图,如图 5-2-1 所示,请根据假山平面设计图进行施工图设计并着手施工。

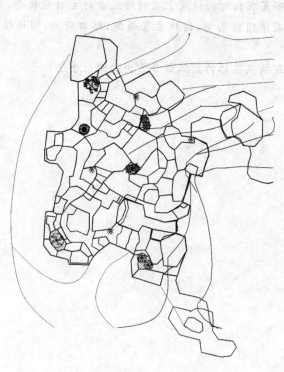

假山总平面1:100

图 5-2-1　假山平面设计图

假山设计说明：

(1)假山为黄石假山，力求营造一处宁静、和谐的山水风景，为附近居民提供一处休闲之地。

(2)假山基础采用浆砌块石，石料强度大于等于 MU20，基础宽出假山基底 0.5 m。假山基石从地面以下 0.3 m 开始砌筑。

(3)假山山体部分采用 1：2 水泥沙浆砌筑黄石，并适当留出凹穴、孔洞，便于假山绿化。

(4)假山采用 1：1 水泥砂浆平缝，形成黄石假山自然纹理。

(5)零星山石布置做法同假山，基础埋深 0.5 m。

(6)水池底 20 mm 厚 1：2 防水水泥砂浆粉刷，部分铺直径为 30～40 mm 卵石。

(7)瀑布用水用潜水泵从水池中抽取，水池补充水源同喷泉水池。

任务分析

为了清楚地反映假山设计、便于指导施工，在假山施工前应就设计图纸进行施工图的绘制，通常一副完整的假山施工图包括平面定位放线图、立面图、剖面图或效果图等，在完成施工图的基础上进行施工部署。首先应准备施工所必需的工具及材料，做好选石、采石、相石的工作；其次，根据定位放线图在地面上放出假山的轮廓，挖出基坑；再次，根据假山承重特点选择合适的基础类型，做好基础、拉底以及起脚等底层工作，紧接着结合平、立、剖面图进行中层造型；最后是假山的收顶和做脚。

任务完成流程：假山施工图设计──▶施工准备──▶假山定位和放线──▶假山施工。

任务实施

步骤一 假山施工图设计

1. 假山总体设计

根据假山方案设计，设定假山主、次峰的位置、高度和体量，同时还应考虑山和水的结合。山和水是自然景观中的主要组成部分，山无水不活，有水则灵，故应处理好山水的关系，使山水间相互依存，相得益彰。假山上部的水可用瀑布形式来表现，设定瀑布出水口位置和宽度，借山势转变来达到水随山转、或露或藏的效果。确立假山布局后，绘制平面图，标注高程，并绘制放线方格网，如图 5-2-2 所示。

2. 假山基础设计

假山像建筑一样，必须有坚固耐久的基础，假山基础是指它的地下或水下部分，通过基础把假山的重量和荷载传递给地基。在假山工程中，根据地基土质、山体结构、荷载大小等分别选用独立基础、条形基础、整体基础、圈式基础等不同形式的基础。基础不好，不仅会引起山体开裂破坏、倒塌，还会危及游客的生命安全，因此必须安全可靠。常用基础类型如下(图 5-2-3)：

(1)混凝土基础：此类基础是采用混凝土浇筑成的基础。这种基础抗压强度大，材料易得，施工方便。由于其材料是水硬性的，因而能够在潮湿环境中使用，且能适应多种土地环境。目前，这种基础在规模较大的假山中应用最广泛。

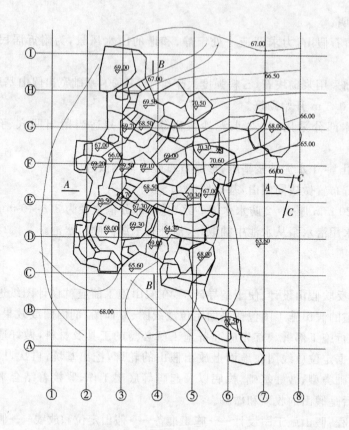

假山平面图1∶100

方格网5 m×5 m

图 5-2-2　假山施工平面图

（2）浆砌块石基础：此类基础是采用水泥砂浆或石灰砂浆砌筑块石做成的假山基础。采用浆砌块石基础能够便于就地取材，从而降低基础工程造价。基础砌体的抗压强度较大，能适应水湿环境及其他多种环境。这也是应用比较普遍的假山基础。

（3）灰土基础：采用石灰与泥土混合所做的假山基层，就是灰土基础。灰土基础的抗压强度不高，但材料价格便宜，工程造价较低。地下水位高、潮湿的地方，灰土的凝固条件不好，应用有困难。但如果在干燥季节施工或通过挖沟排水，改善灰土的凝固条件，在水湿地方还是可以采用这种基础的。这是由于灰土在凝固时有比较好的条件，待凝固后就不会透水，还可以减少土壤冻胀引起的基础破坏。

（4）桩基础：用木桩或混凝土桩打入地基做成的假山基础，即桩基础。木桩基础主要在古代假山下应用，混凝土桩基则是现代假山工程中应用的基础形式。桩基主要应用于土质疏松地方或新的回填土地方。

假山的基础必须坚实牢固，范围应大于山体500 mm左右。为达到这一目的，并考虑到此假山体量较大，基础所承受压力较大，所以采用浆砌块石做成假山基础。用1∶2.5水泥砂浆砌一层块石，厚度为500 mm，水下砌筑用1∶2水泥砂浆，块石基础下再铺30 mm粗砂找平，并夯实，如图5-2-4所示。

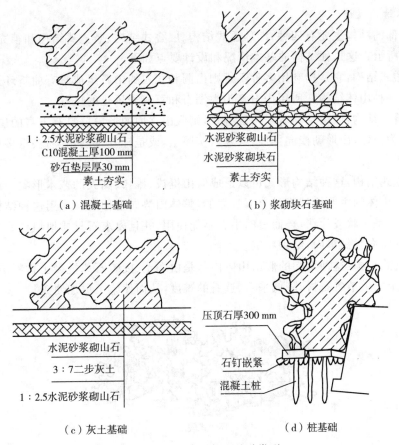

（a）混凝土基础　　　　　　　（b）浆砌块石基础

1：2.5水泥砂浆砌山石
C10混凝土厚100 mm
砂石垫层厚30 mm
素土夯实

水泥砂浆砌山石
水泥砂浆砌块石
素土夯实

（c）灰土基础　　　　　　　（d）桩基础

水泥砂浆砌山石
3：7二步灰土
1：2.5水泥砂浆砌山石

压顶石厚300 mm
石钉嵌紧
混凝土桩

图 5 - 2 - 3　常见假山基础类型

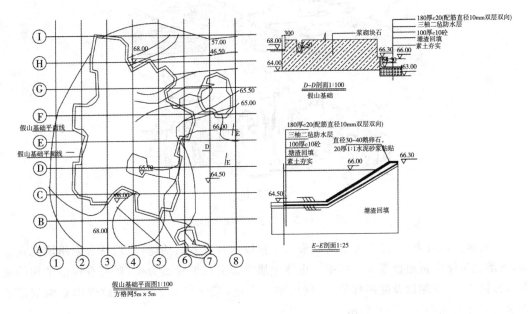

假山基础平面图1:100
方格网5m×5m

D—D剖面1：100
假山基础

E—E剖面1：25

图 5 - 2 - 4　假山基础平面图、剖面图

3. 山体结构设计

山体内部的结构主要有四种,即环透式结构、层叠式结构、竖立式结构和填充式结构,如图 5-2-5 所示。这几种结构的基本情况和设计要点如下:

(1)环透式结构:它是指利用多种不规则山洞和孔穴的山石组成具有曲折环形通道或通透形空洞的一种山体结构。所用山石多为太湖石和石灰岩风化的怪石。

(2)层叠式结构:假山结构若采用层叠式,则假山立面的形象就具有丰富的层次感,一层层山石叠砌为山体,山形朝横向伸展,或是敦实厚重,或是轻盈飞动,容易获得多种生动的艺术效果。

(3)竖立式结构:这种结构形式可以造成假山挺拔、雄伟、高大的艺术形象。山石全部采用立式堆砌,山体的主要纹理都是上下竖立的,整体山势向上伸展。采用这种结构的假山选用石材一般多是条状或片状,矮而短的山石不能使用,并且要求石材质地粗糙或石面小孔密布,才能保证竖向黏结牢固,结构稳定。

(4)填充式结构:这种结构的假山山体内部是由泥土、废砖石或混凝土材料填充起来的,在一定程度上能够节省石材,降低采石、选石的难度,从而使施工更加便捷。

环透式假山

层叠式假山

竖立式假山

图 5-2-5 常见山体结构形式

根据假山设计方案,综合考虑黄石假山风格以及其各方面功能,比较适合采用填充式结构,将游览道路曲折地设置在山体中。山体中层大部分以填砖石为主,局部有种植植物的地方填种植土,在顶端以及陡峭部位,为保证牢固稳定,采用混凝土填充。故假山立面剖面及出水口平面图如图 5-2-6 所示。

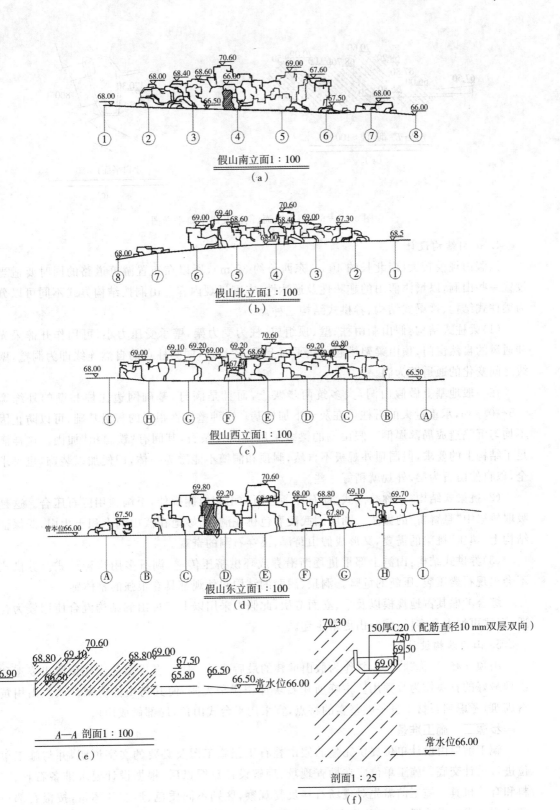

假山南立面1：100
（a）

假山北立面1：100
（b）

假山西立面1：100
（c）

假山东立面1：100
（d）

A—A 剖面1：100
（e）

150厚C20（配筋直径10 mm双层双向）

剖面1：25
（f）

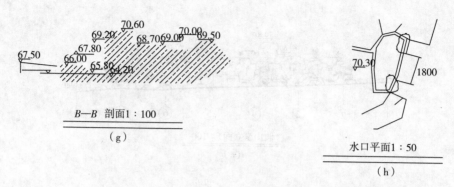

图 5-2-6 假山立面、剖面及出水口平面图

4. 山洞结构设计

该假山规模较大(南北长约 40 m,东西长约 35 m),所以在布置游览道路的同时要适当设置一些山洞,以增添假山的趣味性及通达性,丰富景观内容。山洞按结构方式不同可以分为梁柱式结构、挑梁式结构、券拱式结构三种。

(1)梁柱式结构:假山洞由柱、壁、顶组成,柱为受力架,壁承受压力小,可用作开辟采光和通风的自然窗门,顶由梁架挑起。从平面上看,柱是点,同侧柱点的自然连线即为洞壁,壁线之间变化的通道即为洞。

在一般地基上做假山洞,大多筑两步灰土,而且是满打,基础网边比柱和壁的外缘宽 0.5~0.8 m,承重量大的石柱可在灰土下加桩基。这种整体性很强的灰土基础,可以防止因不均匀沉陷造成局部塌倒。假山洞的梁多采用花岗岩条石,其间有"铁扁担"加固。这样满足了结构上的要求,但洞顶外观极不自然,洞顶和洞壁不能融为一体,即便加以装饰,也难求全,以自然山石为梁,外观就稍好一些。

(2)挑梁式结构:或称叠涩式,即石柱渐起渐向山洞内侧挑伸,至洞顶用巨石压合。这是吸取桥梁中"悬臂桥"的做法。圆明园武陵春色桃花洞,巧妙地在假山洞上积土为山,既保证结构上"镇压"挑梁的需要,又形成假山跨溪、溪穿石洞的奇观。

(3)券拱式结构:山洞上部重量逐渐沿券成环拱挤压传递,湖石多用这种形式。券拱式不会出现石梁压裂、压断的危险。洞顶、洞壁的结构和外观都具有很强的整体感。

综合考虑其占地规模以及平、立面造型,此假山采用以上三种山洞结构混合使用较为合适,形式更加丰富多样,使假山更富生趣。

5. 山顶结构设计

山顶立峰,俗称"收头",常作为假山堆叠的最后一道工序。在堆山前应先预留出姿态和纹理最好的石块作为收顶用。主峰所用石块体积应稍大些,使其与山体协调。该假山用黄石砌筑,考虑到石材本身平整坚实的特点,宜采用平台式山顶,局部做成山崖。

步骤二　施工准备

施工前应由设计单位提供完整的假山叠石工程施工图及必要的文字说明,并与施工单位进行设计交底。施工单位应在勘查现场、理解设计意图以后,根据设计要求准备石料、灰料和有关机具。施工前需先对现场石料反复观察,区别不同质色、形纹和体量,按掇石部位和造型要求分类放置,按有关规定检查起重机具的安全性。

相石又称为读石、品石,石料到了施工工地后应分块平放在地面上以供相石。对现场石料反复观察,区别不同质地、纹样和体量,按掇山部位造型和要求分类排队,并对关键部位和结构用石做出标记,以免滥用,这样才能做到通盘运筹,因材使用。可用以下几种方法进行:

(1)首先选择单块峰石,并放在安全之处。按施工造型的程序,峰石多为最后使用,因此要放在离施工场地稍远一点的地方,以防止其他石料在使用吊装过程中与之发生碰撞而损坏。

(2)其他石料可以按照不同的形态、作用和施工型的先后顺序合理安排。例如,拉底用石可放前,封顶用石放在后;石色纹理接近的放置一处,用于比差异很大的放置另一处等。

(3)要使每一块石料的大面即最具形态特征的一面朝上,以便施工时不需要翻动就可以辨认而取用。

(4)要有次序地进行排列式放置,2～3块为一排,成竖向条形置于施工场地。条与条之间须留出1 m左右的通道,以方便搬石。

(5)从叠石造山大面的最佳观赏点到掇山场地,一定要保证空间无任何障碍物。观赏点又叫作假山的"定点"位置,每堆叠一块石料,设计师退回到"定点"的位置上进行观察,这是保证叠石造山大面不偏向的极其重要的细节。

(6)石与石之间不能挤靠在一起,更不能成堆放置。最忌讳的是边施工边进料,使设计师无法将所有的石料按各自的形态特征进行统筹计划和安排。

步骤三　假山定位和放线

首先在假山平面设计图上按5 m×5 m或10 m×10 m(小型的石假山也可用2 m×2 m)的尺寸绘出方格网,在假山周围环境中找到可以作为定位依据的建筑边线、围墙边线或园路中心线,并标出方格网的定位尺寸。

按照设计图方格网及其定位关系,将方格网放大到施工场地的地面。在假山占地面积不大的情况下,方格网可以直接用白灰画到地面;在占地面积较大的大型假山工程中,也可以用测量仪器将各方格交叉点测设到地面,并在点上钉下坐标桩。放线时,用几条细绳拉直连上各坐标桩,就可表示出地面的方格网。

以方格网放大法,用白灰将设计图中的山脚线在地面方格网中放大绘出,把假山基底的平面形状(也就是山石的堆砌范围)绘在地面上。假山内有山洞的,也要按相同的方法在地面绘出山洞洞壁的边线。

最后,依据地面的山脚线,向外取50 cm宽度绘出一条与山脚线相平行的闭合曲线,这条闭合线就是基础的施工边线。

步骤四　假山施工

1. 挖基坑

应按基础尺寸进行挖土,严格掌握挖土深度和宽度,一般假山基础的挖土深度为50～80 cm,基础宽度多为山脚线向外50 cm。土方挖完后夯实整平,然后按设计铺筑垫层和砌筑基础。

2. 基础施工

掇山先有成局在胸,才能确定假山基础的位置、外形和深浅;否则,假山基础既起出地面之上,再想改变假山的总体轮廓,就很困难了,因为假山的重心不能超过基础之外。

3. 拉底

拉底是指在基础上铺置最底层的自然山石,术语称为"拉底"。这层山石大部分在地面以下,只有小部分暴露在地面以上,并不需要形态特别好的山石,但要求有足够的耐压强度。拉底的技术要求:选择适合的山石;垫平垫稳;石与石之间要紧连互咬;山石之间要不规则地断续相连,相断有连;边缘部分要错落变化。

拉底的要点:结合考虑,统筹安排;错落有致,接连不断;紧连互咬,稳定结合。

4. 起脚

在垫底的石层上开始砌筑假山,就叫"起脚"。可以采用点脚法、连脚法、块面脚法三种做法(图5-2-7)。

点脚法   连脚法   块面脚法

图5-2-7 起脚做法

点脚法:点脚指的是先在山脚线处用山石做成相隔一定距离的点,点与点之间再用片石或条石盖上。

连脚法:做山脚的山石依据山脚的外轮廓变化,成曲线状起伏连接,使山脚具有连续弯曲的线形。

块面脚法:山脚也是连续的,但是坡面脚要使做出的山脚线呈大进大出的形象。一般用于起脚厚实的大型假山。

5. 中层施工

中层即底石与顶层之间的部分,这部分体量最大,也是观赏集中的地方。中层可用石材广泛,单元组合和结构变化多端,可以说是整个假山的主要部分,而假山堆叠的艺术手法也正是在中层当中得以发挥的。

中层施工的要点:适当分层,先内后外;脉络相通,搭界合理;放稳粘牢,辅助加固;空透玲珑,造型自然。

6. 收顶

收顶即处理假山最顶层的山石。在石材的选择上要求体量大,轮廓体态都要富有特征。

收顶一般分为峰、峦、平顶三种类型。收顶往往是在逐渐合凑的中层山石顶面加以重力的镇压,使重力均匀地分层传递下去,如果收顶面积大而石材不完整时,就要采取"拼凑"的方法,并用小石镶缝成为一体。

7. 做脚

就是用山石砌筑成山脚,是在假山的上面部分山形山势大体施工完成后,于紧贴脚石外缘部分拼叠山脚,以弥补起脚造型的不足。所做的山脚石虽然无须承担山体的重压,但必须与主山的造型相一致。山脚可以做成凹进脚、突出脚、断连脚、承上脚、悬底脚、平板脚等形式(图5-2-8)。

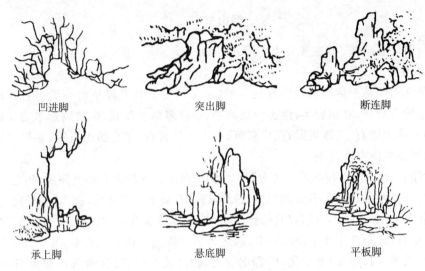

图5-2-8 山脚的形式

任务完成效果评价

学生按照既定计划按步骤完成学习和工作任务,提交学习成果(课堂笔记和作业)、工作成果及体会。

任务完成效果评价表

班级: 学号: 姓名: 组别:

考核方法	从学生查阅资料完成学习任务的主动性、所学知识的掌握程度、语言表述情况等方面进行综合评定;在操作中对学生所做的每个步骤或项目进行量化,得出一个总分,并结合学生的参与程度、所起的作用、合作能力、团队精神、取得的成绩进行评定				
任务考核问题	极不满意	不满意	一般	满意	非常满意
	1	2	3	4	5
1. 假山施工图绘制					
2. 假山施工要点					
3. 假山材料认知					
学生自评分:	学生互评分:			教师评价分:	
综合评价总分(自评分×0.2+互评分×0.3+教师评价得分×0.5):					
学生对该教学方法的意见和建议:					
对完成任务的意见和建议:					

注:如果对项目的设置、教师在引导项目完成过程中的表现以及完成项目好的建议,请填写"对完成任务的意见的建议"。

知识拓展

假山材料

假山材料(图 5 - 2 - 9)主要分类如下：

1. 湖石类

湖石是江南园林中运用最为普遍的一种，也是历史上开发较早的一类山石。湖石多数是经过溶融的石灰岩、砂积岩类，体态玲珑通透，表面多弹子窝洞，形状婀娜多姿。在我国分布很广，如江苏太湖石、安徽巢湖石、广东英石、山东仲官石、北京房山石等，它们只不过在色泽、纹理和形态方面有些差别。

(1)太湖石：此石原产在苏州所属太湖中的洞庭西山。这种山石质坚而脆，扣之有微声，由于风浪或地下水的溶融作用，其纹理纵横，脉络显隐，石面上遍多呦坎，称为"弹子窝"。此石还很自然地形成沟、缝、穴、洞，有时窝洞相套，玲珑剔透，蔚为奇观，具有"瘦、皱、漏、透"之美。

(2)房山石：此石产于北京房山一带，因之为名。质地不如太湖石脆，有一定韧性。形体上有太湖石的涡、沟、环、洞类变化，但容重较大，扣之无共鸣声；其洞涡不如太湖石大，且为多密集的小孔穴。外观比较沉实、浑厚、雄壮。

(3)英石：此石产于广东省英德市一带。淡青灰色，有的间有白脉笼络，大多数英石形体为中，如故宫御花园"鲲鹏展翅"，小型，很少见有很大块的。质坚而特别脆，用手指弹扣有较响的共鸣声。这种山石常见于几案石品，在岭南园林中也有用这种山石掇山的。

(4)灵璧石：此石产于安徽省灵璧县。其石材为中灰色或灰黑色，清润，质地亦脆，用手弹亦有共鸣声。石面有蜿坎的变化，石形亦千变万化，但其孔眼少，有宛转回折之势。这种山石可特置成景，更多的情况下作为盆景石。

(5)宣石：此石产于安徽宁国。其色如积雪覆于灰色石上，由于为赤土积渍，因此带些赤黄色，久置后愈旧愈白。由于它有积雪一般的外貌，扬州个园用它作为冬山的材料，效果显著。

2. 黄石

黄石呈块状，是一种带橙黄颜色的细砂岩，产地很多，苏州、常州、镇江以及江浙的一些地方皆有所产，但以常熟虞山的自然景观为著名。其石体顽穷，节理面近乎垂直，棱角明显，方正刚劲，雄浑沉实。与湖石相比，黄石平正大方、立体感强，块钝而棱锐，具有强烈的光影效果，无孔洞，呈黄、褐、紫等色。

3. 青石

青石呈块状或片状，即一种青灰色的细砂岩。北京西郊洪山口一带、河南新密一带均有所产。青石的节理面不像黄石那样规整，有相互垂直的纹理，块形既"青石块"，也有交叉互织的斜纹，形体为片状既"青云片"。

4. 石笋

石笋是外形修长如竹笋一类山石的总称。由于其单向解理较强，凿取成形如剑，故又名"剑石"。这类山石种类多，产地颇广，如江苏武进斧劈石、广西槟榔石、浙江白果石、北京青云片石等。石皆卧于山土中，采出后直立地上，利用山石单向解理而形成的直立型峰石，园林中常做独立小景布置，如扬州个园的春山、故宫御花园的竹石花台等。常见石笋又可分为以下四种。

(1)白果笋

白果笋是在青灰色的细砂岩中沉积了一些卵石,犹如白果嵌于石中,故名为之。其形如"剑",嵌入卵石如"子",细砂母岩为"母",又被称为"子母石"或"子母剑"的。这种山石在我国各园林中均有所见。有些假山师傅把大而圆的头向上的称为"虎头笋",而上面尖而小的称"凤头笋"。

(2)乌炭笋

顾名思义,这是一种乌黑色的石笋,比煤炭的颜色稍浅而无甚光泽。如用浅色景物做背景,这种石笋的轮廓就更清新。

(3)慧剑

慧剑是指一种净面青灰色或灰青色的石笋,这是北京假山师傅的沿称。北京颐和园前山东腰有高可数丈的大石笋就是这种"慧剑"。

(4)钟乳石笋

钟乳石笋是将石灰岩经溶融形成的钟乳石倒置,或用石笋正放用以点缀景色。北京故宫御花园中有用这种石笋做特置小品的。如"云盆",形为盆,纹如云。

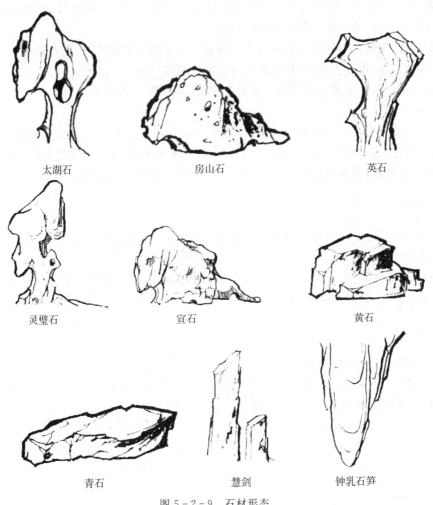

太湖石   房山石   英石

灵璧石   宣石   黄石

青石   慧剑   钟乳石笋

图 5-2-9 石材形态

5. 大理石

又称云石,因其纹理朦胧,又称"晕纹石"。

6. 吸水石

吸水石也称上水石类。体态不规划,表里粗糙多孔,质地疏松,有较强吸水性能,多土黄色,深浅不一,各地均产。四川砂片石属于这一类。此类山石建于水池中,或水边、沼泽,并有植物相配。另外,在山石盆景中也常用。这类石质不坚,不宜作为大山用。

7. 卵石与砾石

卵石也称石蛋,卵圆形,多产于山脚、水边,由流水撞击、冲刷而成。大者可置石成景,小的可做各式图案铺装,或室内欣赏。这类多有加筋纹理。石蛋即产于海边、江边或旧河床的大卵石,有砂岩及各种质地的,体态圆润,质地坚硬,表面风化呈环形剥落状,岭南园林中运用比较广泛,如广州市动物园的猴山、广州烈士陵园等均大量采用。

8. 其他石品

在园林中应用的除以上山石以外,还有木化石、松皮石、石珊瑚、黄蜡石、雪花石等。

木化石:古老朴质,数量极少,常做特置或对置,如能群置,景观更妙,如中国地质大学(武汉)的树化石园,是园林中不可多得的珍品。

松皮石:松皮石是一种暗土红的石质中杂有石灰岩的交织细片,石灰石部分经长期溶融或人工处理以后脱落成空块洞,外观像松树皮突出斑驳一般。

黄蜡石:色黄,表面若有蜡质感。质地如卵石,多块料而少有长条形。广西南宁市盆景园即以黄蜡石造。

雪花石:雪花石产自河南林州一带,片层状花岗岩夹杂有圆形、椭圆形的浅灰色斑点,形如雪花,当地称"雪花石",表面平整,是山石座凳、自然式铺装不可多得的材料;也有的片层状花岗岩为锈红色,开凿厚度可达 1~2 cm,用于园林建筑的屋面也非常具有特色。

思考与练习

1. 学校图书馆前广场需进行绿化设计,拟堆砌一座假山,试进行假山方案设计和施工图设计,并现场指导施工。

2. 根据用地环境完成假山设计的总平面图(包括周边环境平面图),四个方向的立面图,假山洞和铁山、瀑布处的剖面图,假山结构图。

随堂测验

1. 假山设计时的相石主要从(　　)等方面进行考虑。

A. 形态 　　　　B. 皱纹 　　　　C. 质地 　　　　D. 大小 　　　　E. 色泽

2. 假山施工中常见基础有(　　)等。

A. 桩基 　　　　B. 灰土 　　　　C. 石基 　　　　D. 钢筋混凝土 　　E. 混凝土

任务三 塑山工程

塑山是近年来新发展起来的一种造山技术,它充分利用混凝土、玻璃钢、有机树脂等现代材料,以雕塑艺术的手法仿造自然山石的总称。塑山工艺是在继承发扬岭南庭园的山石景艺术和灰塑传统工艺的基础上发展起来,具有真石掇山、置石同样的功能,因而在现代园林中得到广泛的使用。

学习目标

● 掌握塑山施工工艺流程。
● 了解塑山新工艺。

任务提出

某小区需制作一座人工塑假山,现已有假山施工图如图5-3-1所示,请按照施工图进行制作。

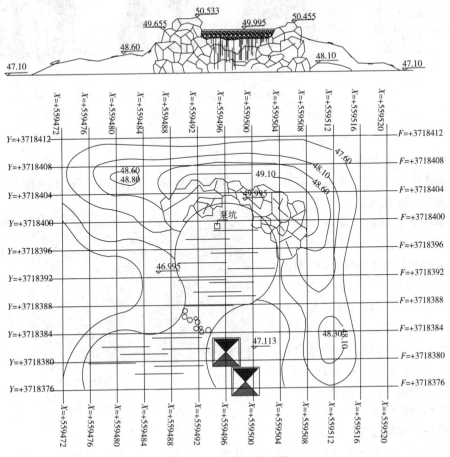

图 5-3-1 假山施工图

任务分析

在制作人工塑山施工之前,首先应分析施工图纸,与设计方进行技术交底,其次根据施工图,将假山底面轮廓测设到场地中,然后便是做基础、设置基架,不论是钢骨架还是砖砌骨架,为了更好地对表面进行塑形,一般设置钢丝网挂泥,再在钢丝网上打底、塑面,对整体的皱纹刻画,最后便是面层的着色(图5-3-2)。

任务完成流程:定点放线——→基础施工——→基架设置——→铺设钢丝网——→打底塑形——→装饰点缀。

| 建造骨架 | 铺设钢丝网 | 塑型塑面 | 细化上色 |

图5-3-2 塑山的流程

任务实施

步骤一 定点放线

根据塑假山施工图,将方格网放大到施工场地的地面。具体方法同假山工程定位放线。

步骤二 基础施工

根据基地土壤的承载能力和山体的重量,经过计算确定其尺寸大小。通常的做法是根据山体底面的轮廓线,每隔4 m做一根钢筋混凝土桩基(图5-3-3),如山体形状变化大,局部柱子加密,并在柱间做墙。对于山形变化较大的部位,可结合钢架、钢筋混凝土悬挑。山体的飞瀑、流泉和预留的绿化洞穴位置,要对山体骨架结构做好防水处理。

图5-3-3 混凝土桩基

步骤三 基架设置

基础可根据石形和其他条件分别用砖基架、钢筋混凝土基架或钢基架。坐落地面的塑山要有相应的地基基础处理。坐落地室内屋顶平台的塑山,则必须根据楼板的构造和荷载条件做结构设计,包括地梁和钢架、柱和支撑设计。基架将所需塑造的山形概约为内接的几何形体的桁架,若采用钢材做基架,应遍涂防透漆两遍作为防护处理。

步骤四　铺设钢丝网

普通形体较大的塑山都有必要在基架上敷设钢丝网,钢丝网要选易于挂灰泥的材料。若为钢基架则还宜先做分块钢架附在形体简略的基架上,变基础体形为凹凸崎岖的天然外形,在其上再挂钢丝网,并依据描绘要求用林槌成型。

步骤五　打底塑形

打底采用水泥、黄泥、河沙配成可塑性较强的砂浆在已砌好的骨架上塑形,反复加工,使造型纹理、塑体和表面刻划基本上接近模型。在塑造过程中,水泥砂浆中可加纤维性的附加料以增加表面抗拉的力量,减少裂缝,常以 M7.5 水泥砂浆做初步塑型,形成大的峰峦起伏的轮廓,如石纹、断层、洞穴、一线天等自然造型。若为钢骨架,则应先抹白水泥麻刀灰两遍,再堆抹 C20 混凝土(坍落度为 0~2),然后于其上进行山石皴纹造型。

塑面:在塑体表面进一步细致地刻划石的质感、色泽、纹理和表层特征(图 5-3-4)。质感和色泽根据设计要求,用石粉、色粉按适当比例配白水泥或变通水泥调成砂浆,按粗糙、平滑、拉毛等塑面手法处理。纹理的塑造,一般来说,直纹为主、横纹为辅的山石,较能表现峻峭、挺拔的姿势;横纹为主、直纹为辅的山石,较能表现潇洒、豪放的意象;综合纹样的山石则较能表现深厚、壮丽的风貌。常用 M15 水砂浆罩面塑造山石的自然皴纹。

图 5-3-4　塑面

步骤六　装饰点缀

在塑面水分未干透时进行装饰点缀,基本色调用颜料粉和水泥加水拌匀,逐层洒染。在石缝孔洞或阴角部位略洒稍深的色调,待塑面九成时,在凹陷处洒上少许绿色、黑色或白色等大小、疏密不同的斑点,以增强立体感和自然感。

石色水混浆的配制方法主要有以下两种:

(1)采用彩色水泥直接配制而成。如塑黄石假山时采用黄色水泥,塑红石假山则用红色水泥。此法简便易行,但色调过于呆板和生硬,且颜色种类有限。

(2)白色水泥厂中掺加色料。此法可配制成各种石色,且色调较为自然逼真,但技术要求较高,操作亦较为烦琐。色浆配合比见表 5-5-1 所列。以上两种配色方法,各地可因地制宜选用。

表 5-5-1　色浆配合比表(单位:kg)

仿色用量 材料	白水泥	普通水泥	氧化铁黄	氧化铁红	硫酸钡	107 胶	黑墨汁
黄石	100					适量	适量
红色山石	100		5	0.5		适量	适量
通用石色	100	30	1	5	5	适量	适量
白色山石	100	30				适量	适量

任务完成和效果评价

学生按照既定计划按步骤完成学习和工作任务,提交学习成果(课堂笔记和作业)、工作成果及体会。

任务完成效果评价表

班级:　　　　　学号:　　　　　姓名:　　　　　组别:

考核方法	从学生查阅资料完成学习任务的主动性、所学知识的掌握程度、语言表述情况方面等进行综合评定;在操作中对学生所做的每个步骤或项目进行量化,得出一个总分,并结合学生的参与程度、所起的作用、合作能力、团队精神、取得的成绩进行评定				
任务考核问题	极不满意	不满意	一般	满意	非常满意
	1	2	3	4	5
1. 假山整体效果设计					
2. 绘制塑山施工图					
3. 施工流程安排					
学生自评分:　　　　　　　　学生互评分:　　　　　　　　教师评价分:					
综合评价总分(自评分×0.2＋互评分×0.3＋教师评价得分×0.5):					
学生对该教学方法的意见和建议:					
对完成任务的意见和建议:					

注:如果对项目的设置、教师在引导项目完成过程中的表现以及完成项目好的建议,请填写"对完成任务的意见和建议"。

知识拓展

塑山新工艺简介

1. GRC 塑山材料

为了克服钢、砖骨架塑山施工技术难度大、皴纹很难逼真、材料自重大、易裂和褪色等缺陷,国内外园林科研工作者近年来探索出一种新型的塑山材料-短纤维强化水泥(简称GRC)。它是用脆性材料如水泥、砂、玻璃纤维等结合在一起而成的一种韧性较强的复合物,主要用来制造假山、雕塑、喷泉瀑布等园林山水艺术景观。

(1)GRC 塑山材料的主要优点

① 用 GRC 造假山石,石的造型、皴纹逼真,具有岩石坚硬润泽的质感,模仿效果好。

② 用 GRC 造假山石,材料自身质量轻,强度高,抗老化且耐水湿,易进行工厂化生产,施工方法简便、快捷,造价低,可在室内外及屋顶花园等处广泛使用。

③ 用 GRC 进行假山造型设计,施工工艺较好,可塑性强,在造型上需要特殊表现时可满足要求,加工成各种复杂形体,与植物、水景等配合,可使景观更富于变化和表现力。

④ 用 GRC 造假山可利用计算机进行辅助设计,结束过去假山工程无法做到的石块定位设计的历史,使假山不仅在制作技术,而且在设计手段上取得了新突破。

⑤ GRC 具有环保的特点,可取代真石材,减少对天然矿产的开采。

(2)GRC 假山安装工艺流程

原件成品──→构架制作──→单元定位──→焊接──→焊点防锈──→预留管线──→做缝──→设施定位──→面层处理──→成品。

2.FRP 塑山材料

继 GRC 现代塑山材料后,目前还出现了一种新型的塑山材料──玻璃纤维强化树脂(简称 FRP),是用不饱和树脂及玻璃纤维结合而成的一种复合材料。

(1)FRP 塑山材料的主要优点

这种材料具有刚度好、质轻、耐用、价廉、造型逼真等特点,同时可预制分割,方便运输,特别适用于大型、易地安装的塑山工程。FRP 首次用于香港海洋公园集古村石窟工程中,并取得很好的效果,博得一致好评。

(2)FRP 塑山的施工程序

泥模制作──→翻制石膏──→玻璃钢制作──→模件运输──→叶基础和钢框架安制──→玻璃钢预制件拼装──→修补打磨──→油漆──→成品。

思考与练习

校园内拟制作一座仿黄蜡石塑山,试按比例做出其模型。

随堂测验

塑石上色常用手法有( )。

A. 洒   B. 弹   C. 倒   D. 甩   E. 刷

项目六　园林供电照明工程

随着人民对生活质量要求的提高,园林中电的用途不仅仅是提供照明,还应具备艺术装饰和美化环境的功能,因此园林供电照明工程是公共园林能够正常运转的保障,同时对园林各项功能作用的发挥有着重要的意义。

任务一　园林照明设计

学习目标

- 了解园林照明的基本知识。
- 掌握园林照明的设计的基本原则。
- 熟悉园林照明设计的一般步骤和相应的工作内容。
- 会进行园林整体照明设计。

任务提出

园林照明是一项系统工程,是创造园林景观的重要手段之一。园林夜间景观应具有自身特色,准确反映园林形象的基本特征。因此,要在充分了解园林景观的基础上,依据相关标准、规范和法规文件,会识读照明工程的设计图。

任务分析

园林照明设计是在园林空间结构基本建立的前提下,根据人们夜间活动的要求,遵循照明设计原则的基础上,对各景点统一安排、合理布局照明设施,做到安全、适用、经济、美观。

任务完成流程:收集资料——→照明方式选择——→光源和灯具的选择——→灯具的布置——→照度计算——→识读照明设计图。

任务实施

步骤一　收集资料

在进行照明正式设计前,应收集以下原始资料:

(1)园林绿地的地形图、平面布置图,必要时应有园林绿地主要建筑物的平面图、立面图、剖面图及重要景点的设计图。

(2)获取照明设计任务书(园林绿地对电气的要求),特别是一些专用性强的绿地照明,应有照度、灯具、布置、安装等方面要求的书面材料。

（3）电源的供电情况及进线的方位。

园林照明设计应符合现行的国家标准、设计规范和有关的规定。设计时要结合实际情况，积极、稳妥地采用新技术，推广应用安全可靠、节能经济的新技术、新产品。

园林照明基本上属于室外照明，由于环境气象条件复杂、照明置景对象各异、服务功能多样，因而园林绿地照明应遵循一定的基本原则。

（1）实用与造景相结合的原则。应结合园林景观的特点，以能最充分体现其在灯光下的景观效果为原则来布置照明设施，同时要起到恰当的照明作用。

（2）合理选择灯光的颜色及投射方向。园林绿地照明，要在发挥其使用功能的基础上，更加强调其辅助景观功能的发挥，因此，灯光的颜色以及投射方向的选择，应以增加被照射物的美感为前提。如针叶树在强光下才有较好地反映效果，一般适合采取暗影处理法；而阔叶树对冷光照明有良好的反映效果；白炽灯、卤钨灯能使红、黄的色彩加强，汞灯却能使绿色鲜明夺目；喷泉、瀑布的灯具置于水面之下，宜使用红、蓝、黄三原色。

（3）合理使用彩色装饰灯。彩色装饰灯容易营造节日气氛。但是，这种装饰灯不易获得宁静、安详的气氛，也难以表现大自然的壮观景象，所以必须合理使用。

（4）注意照明设备的隐蔽设置。无论是白天或黑夜使用的灯光，其照明设备均需隐蔽在视线之外，最好使用敷设的电缆线路。

（5）主要园路宜采用低功率的路灯，装在 $3 \sim 5\,\mathrm{m}$ 高的灯柱上，柱距 $20 \sim 40\,\mathrm{m}$。要注意路旁树木对道路照明的影响。在假山、草坪内可设地灯照明。

步骤二　照明方式选择

以照明与园林景观相结合，突出园林景观特色为原则，明确照明对象的功能和要求，正确区分照明对象的确定，确定照明方式，选择合理的照度。

1. 照明方式

照明方式是指照明设备按其安装部位或使用功能而构成的基本形式。照明方式按照其照明器的布置特点和所得照明效果可分为以下三种：

（1）一般照明

一般照明是指在设计场所（如景点、园区）内不考虑局部的特殊需要，为照明整个场所而设置的照明。一般照明方式常采用均匀布置方式，即照明的形式、悬挂高度、灯管灯泡容量为均匀对称设置，可以获得必需的、较为均匀的照度。

（2）局部照明

局部照明是为了满足景区内某些景点、景物的特殊需要而设置的照明。如景点中某个场所或景物需要有较高的照度并对照射方向有所要求时，宜采用局部照明。局部照明具有高亮点的特性，容易形成被照明物与周围环境呈亮度对比明显的视觉效果。

（3）混合照明

混合照明是一般照明和局部照明共同组成的照明方式，即在一般照明的基础上，对某些有特殊要求的点实行局部照明，以满足景观设施的要求。

根据设计任务书中园林绿地对电气的要求，针对不同的场景情况，选择相应的照明方式。

2. 植物的饰景照明要求与照明方式

(1)依据植物的一般几何形体以及植物在空间中所展示的程度,照明灯型必须与各种植物的几何形体相一致。

(2)不宜使用某些光源色去改变植物原来的颜色,但可以使用某些光源色去增强植物固有的色彩。许多植物的颜色和外观是随着季节的变化而变化的,饰景照明也适应于这种变化。

(3)对淡色和耸立于空中的植物,可以用强光照射而达到一种醒明的轮廓效果。成片树木的投光照明通常作为背景而设置,故只考虑其颜色和总的外形大小。

(4)对被照明物附近的一个点或许多点,在观察欣赏照明的目标设置时,要注意消除眩光现象。

(5)从近处观察欣赏目标并需要对目标直接评价的,则应该对目标做单独的光照处理。

(6)所有灯具都必须有水密防虫的性能,并能耐农药的腐蚀。

(7)对于树木的投光照明,投光灯的放置方式一般有地面放置、灯杆放置和树身附着放置三种。投光灯的地面放置是将其固定于地面上或放置于地面以下,以突出树木的造型和便于人们观察。灯杆放置是指在所照树木旁边树立设置杆件,上置投光灯,或树干上架设横杆,在横杆上设置投光灯。灯的架设高度可以根据实际需要而定。树身附着放置,是指将投光灯或带有灯泡的路线直接放置在树身上。采用这种方式应注意树叶的遮光与被灯灼伤问题。

(8)树木投光造型。树木投光造型是一种重要的艺术设计工作。对一棵树的照明,常用两只投光灯从两个方向照射,可成特定的景象。对一行树的照明,用一排灯光按相同照射角度设置,则容易形成整齐统一的层次感。对群植的树木,应采用几只灯光从不同的角度、不同的距离进行照射,可以形成成片、深厚、多层次的景观状态。对高低层次大小不一的树木,用几只灯,分别以高低、远近投射,则可显示高低,增强立体感。对落叶树木的树杈、树冠照明,可以起丰富层次、衬托作用。

3. 花坛的照明要求与照明方式

花坛的景观者,往往由上往下观赏,故多采用蘑菇式灯具向下照射。灯具设置在花坛的中央或侧边,高度取决于花卉的生长高度。

由于花坛中花卉颜色的多样性,所以应选择显色指数较高的光源,常使用白炽灯、紧凑型荧光灯等灯具灯管。

4. 雕塑的饰景照明要求与照明方式

在园林中的雕塑,高度一般不超过 6 m,其饰景照明的方法如下:

(1)照射灯的数量和排列取决于被照目标的类型,布置的要求是照明整个目标,但不要均匀,以通过阴影和不同的高光亮度,在灯光下再创造一个轮廓鲜明的立体形象。

(2)根据被照明雕塑的具体形式和周围环境情况确定灯具的设置位置和高度。

对于处于地面并孤立于草地或开阔场地的雕塑物,此时灯具应安装于地面,以保持周围环境的景观不受影响和产生眩光。

对于坐落在基座并位于开阔地中的雕塑物,为了控制基地的高度、防止基座的边在雕塑物底部产生阴影,灯具应设置在远离雕塑物一些的地方。

对于坐落于基座并位于行人可接近触的雕塑物,应将灯具提高设置,并注意眩光现象的产生。

(3)对于人物塑像,通常照明脸部的主体部分以及雕塑的主要朝向面,次要的朝向面或背部的照明要求低,或某些情况下甚至不需要照明。应注意避免脸部所产生不良的阴影。

(4)对于有色雕塑,注意光源色彩的选择,最好做光色实验,以形成良好的色彩效果。

5. 水景饰景照明要求与照明方式

园林中的水景,通过饰景照明处理,不但能听到流水的声音,还能看到动水的闪烁与色彩的变幻。对于水景的饰景照明,一般有以下几种方式:

(1)喷水的照明。对于喷水的饰景照明,以投光灯设置于喷水体的内部,通过空气与水柱的不同折射率,形成闪闪发光的景观效果。

(2)瀑布的照明。将投光灯设于瀑布水帘的里侧,由于瀑布落差的大小不同,灯光的投射方向不同,可以形成不同的观赏效果。

(3)湖的照明。在地面上设置投光灯,照射湖岸边的景象,依靠静水或慢慢流动的水,其水体的镜面效果十分动人。

对于岸上引人注目的景象或者突出水面的物体,依靠埋设于水下的投光灯照射,能在被照景物上产生变幻的景象。

对于水体表面波浪汹涌的景象,通过设置于岸上或高处的投光灯直接照射水面,可以获得一系列不同亮度、不同色彩区域中连续变化的水浪形状。

6. 园路照明要求与照明方式

园路照明主要以明视照明为主,在设计中必须根据有关规范规定的照度标准进行设计。从照明效率和维修方面考虑,一般采用4～8 m高的杆头式汞灯照明器。

照明灯具的布置方式有单侧、中心、双侧等形式。

对于有特定艺术要求的园路照明,可以采用低压灯座式的灯具,以获得极好的园路景观效果。

步骤三　光源和灯具的选择

主要根据被照场所或景物对配光、光色、显色性及周围环境景色配合等情况选择光源和相应的灯具。

1. 光源选择

园林照明中,由于照明对象复杂、差异性很大,因此对电源的要求也不相同。光源的选择设计中,要注意利用各种光源显色性的特点,除了显示被照物的基本形体外,应突出表现其色彩,并根据人们的色彩心理感觉进行色光的组景设计。

一般情况下,常采用白炽灯、荧光灯或气体放电光源。对于震动较大的场所,宜采用荧光汞灯或高压钠灯。在有高挂条件又需要大面积照明的场所,宜用金属卤化物灯、高压钠灯或长弧氙灯。当采用人工照明与天然照明相结合时,应使照明光源与天然光明相协调,常选用色温在4000～5000 K的荧光灯或其他气体放电光源。

不同的光源具有不同的色调,常用光源的色调见表6-1-1所列。不同色调的光源在照射有色景物时会形成相应的不同色彩,这些不同的色相色彩会使游人产生不同的心理感受。所以,在选择光源时,还应结合置景要求,充分考虑光源的色调色相情况。

表 6-1-1　常用光源的色调

照明光源	光源色调
白炽灯、卤钨灯	偏红色光
日光色荧光灯	与太阳光相似的白色光
高压钠灯	金黄色、红色成分偏多,蓝色成分不足
荧光高压钠灯	淡蓝-绿色光,缺乏红色成分
镝灯(金属卤化物灯)	接近于日光的白色光
氙灯	非常接近日光的白色光

2. 园林灯具

灯具的作用是固定光源,把光源发出的光通量分配到设计的区域和地方,防止光源引起的眩光以及保护光源不受外力及外界潮气影响等。在园林中灯具除了满足照明功能需求外,还应考虑灯具的外形、安装维护等因素,使灯具的外形和周围园林环境相协调,以达到丰富空间层次且能为园林景观增色的目的与效果。

灯具按结构功能不同可以分为开启式、保护式、防水式、密封式及防爆式等。

灯具按光通量在空间中上、下半球的分布情况,可分为直射型灯具、半射型灯具、漫射型灯具、半反射型灯具、反射型灯具等。而直射型灯具又分为广照型、均匀配光型、配射型、深照型和特深照型五种灯具。

园林中常用的灯具,根据使用功能与安装的部位不同,常分为以下几种。

(1)门灯

庭园出入口与园林建筑的门上安装的灯具称为门灯,还包括在矮墙上安装的灯具。门灯可以细分为门顶灯、门壁灯和门前灯三种。

门顶灯竖立在门框或门柱顶上,可以营造出高大雄伟的气势。门壁灯采用半嵌入方式安装在门框或门柱上,能增强出入口的华丽装饰效果。门前灯依靠灯柱灯座设置于正门的两侧或一侧,高为 2~4 m,其造型须十分讲究,能给人留下难忘的印象。

(2)庭院灯

庭院灯置于庭院、公园及大型建筑的周围,既是照明器材,又是一种园林艺术欣赏品。根据设置的环境景物不同,相应的庭院灯形状、性能也各不相同。

园林小径灯。园林小径灯竖在庭院小径边,或埋于小径路面底下,灯具的功率一般不大,灯光柔和,使庭院显得幽静舒适。

草坪灯。草坪灯设置于草坪边或草坪内,设置高度不宜大,一般为 400~700 mm,灯罩为透明或乳白色玻璃,灯杆、灯座为黑色或其他深色,以显得大方与美观。

(3)水池灯

水池灯具有良好的防水性能。灯具的光源一般选用卤钨灯,这是因为卤钨灯的光波呈连续性,光照效果好,尤其是光经过水的折射会产生色彩艳丽的光线,形成五彩缤纷的光色。

(4)道路灯具

道路灯具主要服务道路,做照明与美化道路之用。根据灯具的侧重点不同分为功能性道路灯具和装饰性道路灯具两类。

功能性道路灯具具有良好的配光,使光源发出的大部分光能比较均匀地投射在道路上。装饰性道路灯具不强调配光,主要依外表的造型来点缀环境,强调灯具的造型,配置时应使其风格与周围环境情况相匹配。

(5)广场照明灯具

广场照明灯具是一种大功率的投光灯灯具,装有镜面抛光的反光罩,采用高强度气体电光源,因而光效强、照射面大。这类灯具配有触发器的镇流器。灯管的启动电压很高,因此灯具电气部分的绝缘性能要求高,故安装时应特别注意这一特点。

(6)霓虹灯具

霓虹灯是一种低气压冷阴极辉光放电灯。霓虹灯具的工作电压与启动电压都比较高,启动时电箱内电压高达数千伏,故必须注意相应的安全问题。

霓虹灯的寿命长,能瞬间启动,光输出可以调节,灯管可做成文字图案等各种形状,配上相应的控制电路,可以使各部分的灯管时亮时熄,形成不断更换闪耀的彩色灯光景致效果。但是,霓虹灯的电耗较大、发光效率低。

步骤四　灯具的布置

灯具的布置应满足相应的照明质量要求,并与周围的景色配合协调,确保维护方便。灯具的布置包括确定灯具的配置数量与设置位置。配置数量主要根据照明质量而定,设置位置主要根据光线投射角度和维护要求而定。

灯具的布置除考虑光源光线的投射方向、照度均匀性等,还应考虑经济、安全和维修方便等方面因素。

步骤五　照度计算

照度是单位面积被照物表面接收的光通量。照度的常用单位是勒克斯(lx),1 lx＝1 lm/m²。照明的照度按如下系列分级:简单视觉照明应采用 0.5,1,2,3,5,10,15,20,30 lx;一般视觉照明应采用 50,75,100,150,200,300 lx;特殊视觉照明应采用 500,750,1000,1500,2000,3000 lx。

照度水平是衡量照明质量的一种基本技术指标。在影响视力的因素方面,由不同照度水平所造成的被观察物与其背景之间亮度对比的不同,是考虑照度安排时的一个主要出发点。不同环境照度水平的确定,要照顾到视觉的分辨度、舒适度、用电水平和经济效益等诸多因素。表 6-1-2 是一般园林环境及其建筑环境所需照度水平的标准值。

表 6-1-2　一般园林环境及其建筑环境所需照度水平标准值

照度(lx)	园林环境	室内环境
10～15	自行车场、盆栽场、卫生处置场	配电房、泵房、保管室、电视室
20～50	建筑入口外区域、观赏草坪、散步道	厕所、走道、楼梯间、控制室
30～75	小游园、游憩林荫道、游览道	舞厅、咖啡厅、冷饮厅、健身房
50～100	游戏场、休闲运动场、建筑庭院、湖岸边、主园路	茶室、游艺厅、主餐厅、卫生间、值班室、播音室、售票室

（续表）

照度（lx）	园林环境	室内环境
75～150	游乐园、喷泉区、游艺场地、茶园	商店顾客区、视听娱乐室、温室
100～200	专类花园、花坛区、盆景园、射击馆	陈列厅、小卖部、厨房、办公室、接待室、会议室、保龄球馆
150～300	公园出入口、游泳池、喷泉区	宴会厅、门厅、阅览室、台球室
200～500	园景广场、主建筑前广场、停车场	展览厅、陈列厅、纪念馆
500～1000	城市中心广场、车站广场、立交广场	试验室、绘图室

附注：表中所列标准照度的范围，均指地面的照度标准。

按照被照面的照度标准来决定光源的安装功率。可参考有关电气照明手册。

步骤六　识读照明设计图

照明设计图如图 6-1-1 所示。

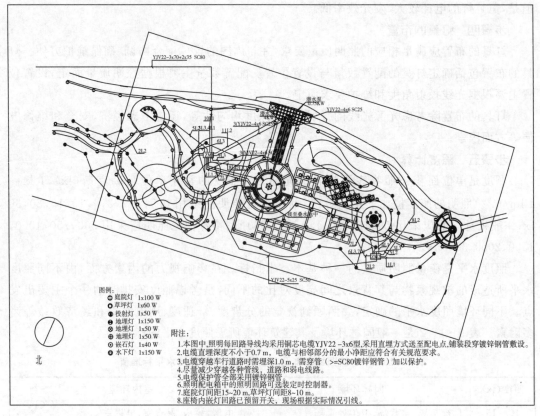

图 6-1-1　照明设计图

任务完成和效果评价

学生按照既定计划按步骤完成学习和工作任务，提交学习成果（课堂笔记和作业）、工作成果及体会。

任务完成效果评价表

班级：　　　　　　学号：　　　　　　姓名：　　　　　　组别：

考核方法	从学生查阅资料完成学习任务的主动性、所学知识的掌握程度、语言表述情况方面等进行综合评定；在操作中对学生所做的每个步骤或项目进行量化，得出一个总分，并结合学生的参与程度、所起的作用、合作能力、团队精神、取得的成绩进行评定				
任务考核问题	极不满意	不满意	一般	满意	非常满意
	1	2	3	4	5
1. 照明方式选择					
2. 光源和灯具的选择					
3. 灯具的布置					
4. 照度计算					
5. 照明设计图设计					
学生自评分：	学生互评分：			教师评价分：	
综合评价总分(自评分×0.2＋互评分×0.3＋教师评价得分×0.5)：					
学生对该教学方法的意见和建议：					
对完成任务的意见和建议：					

注：如果对项目的设置、教师在引导项目完成过程中的表现以及完成项目好的建议，请填写"对完成任务的意见和建议"。

思考与练习

1. 结合校园某一处景观，分组讨论如何进行园路照明光源和灯具的选择。

2. 举例说明如何利用光的性质与强弱来提高光的照明质量。

随堂测验

1. 照度是单位面积被照物表面接收的光通量，其单位是（　　）

A. lx　　　　　B. lm　　　　　C. ln　　　　　D. lv

2. 按规定选择（　　）为快速路、主干路、次干路和支路的光源。

A. 白炽灯　　　B. 高压钠灯　　　C. 荧光灯　　　D. 金属卤化物灯

任务二　园林供电设计

学习目标

- 学会估算园林用电量、选配变压器。
- 掌握配电导线选择的方法，能布置配电线路。
- 能够协助相应行业人员进行园林供电设计。

任务提出

建立园林的电力供应系统，需要做好供电设计。园林供电设计应与园林规划、园林建筑、给排水等设计密切配合，以构成合理的布局，本章要求学生能识读园林供电设计图纸。

任务分析

园林供电设计的主要任务是确定园林用电量，合理地选用配电变压器，布置低压配电线路系统和确定配电导线的截面面积，以及绘制配电线路系统的平面布置图等。

任务完成流程：收集资料——→确定园林用电量——→变压器的选配——→确定电源供给点，布置配电线路——→配电导线的选择——→识读设计图样、编号相应的设计文件。

任务实施

步骤一　收集资料

收集园林平面图，各建筑用电设备的平面布置图及主要剖面图，各个区域用电设备的名称、额定容量、额定电压，周围环境(潮湿、灰尘)等方面的资料；了解各用电设备、用电点对供电可靠性的要求；了解供电部门同意供给的电源容量、供电电源的电压、供电方式(架空线或电缆线，专用线或非专用线)、进入园内的方向及具体位置。

步骤二　确定园林用电量

认真分析、研究收集到的资料，对用电负荷进行测算。园林总用电量是根据照明用电量和生产动力用电量估算确定，即总用电量为二者之和，一般通过各用电设备的额定数值与相应的系数所求得。而对于照明用电量和动力用电量，则可以分别计算确定。

$$S = S_1 + S_2$$

$$S_1 = K \frac{\sum P_1 A K_c}{1000\cos\varphi}$$

$$S_2 = K_c \frac{\sum P_2}{\eta\cos\varphi}$$

式中：S——园林用电总量(kV·A)；

　　S_1——照明总用电量(kV·A)；

S_2——动力设备总用电量(kV·A);

K——同时使用系数(一般为 0.5～0.8,常取 0.7);

K_c——负荷需用系数(动力电为 0.5～0.75,常取 0.7;照明电可在表 6-2-1 中取值);

P_1——每平方米面积用电量(W/m²);

A——建筑物及场地使用面积(m²);

$\sum P_1 A K_c$——单项照明电量的总和(W);

$\sum P_2$——动力设备额定功率总和(kW);

$\cos\varphi$——平均功率因数(电动机为 0.75～0.93,常取 0.75;照明用电为 0.8～1,采用 1);

η——电动机的平均效率(一般为 0.75～0.92,常采用 0.86)。

表 6-2-1 单位面积用电量与需用系数

照明环境	单位容量 (W/m²)	照明负荷需用系数	照明环境	单位容量 (W/m²)	照明负荷需用系数
办公室	8～15	0.7～0.8	旅游宾馆	5～10	0.35～0.45
展览厅	8～15	0.5～0.7	商店小卖	10～20	0.85～0.90
餐厅食堂	5～10	0.8～0.9	幼儿园	5～10	0.80～0.90
图书馆	8～15	0.6～0.7	园艺工场	10～20	0.75～0.85

步骤三 变压器的选配

园林总用电量估算出来以后,可据此向供电局申请安装相应容量的配电变压器。

选配变压器主要应注意其变压范围和容量。表 6-2-2 为园林供电可选用的配电变压器的有关技术数据。其中,型号栏内"SJ-10/6"的意义如下:S 表示三相,J 表示油浸自冷式,10 表示容量为 10 kV·A,6 表示变压器高压一侧的额定电压为 6 kV·A,其余类推。变压器的型号一般在其铭牌上都有说明。

表 6-2-2 园林供电可选用的配电变压器

型 号	额定容量 (kV·A)	额定线电压(kV)		效率(%)	
		高压	低压	额定负荷时	1/2 额定负荷时
SJ-10/6	10	6.0	0.4	95.79	
SJ-10/10	10	10.0	0.4	95.47	
SJ-20/6	20	6.0	0.4	96.25	
SJ-20/10	20	10.0	0.4	96.06	
SJ-30/6	30	6.3	0.4	96.46	
SJ-30/10	30	10.0	0.4	96.31	
SJ-50/6	50	6.3	0.4	96.75	
SJ-50/10	50	10.0	0.4	96.59	

（续表）

型　号	额定容量（kV·A）	额定线电压（kV）		效率（%）	
		高压	低压	额定负荷时	1/2 额定负荷时
SJ-100/6	100	6.3	0.4	97.09	
SJ-100/10	100	10.0	0.4	96.96	
SJ-180/6	180	6.3	0.4	97.30	
SJ-180/10	180	10.0	0.4	97.14	
SJ-320/6	320	6.3	0.4	97.66	
SJ-320/10	320	10.0	0.4	97.54	
SJ-560/10	560	10.0	0.4	97.87	

变压器的容量是用视在功率来表示的，不能用有功功率来表示。在计算所选变压器的容量时，就要将负荷的有功功率换算为视在功率。其换算如下：

$$S_3 = \frac{P}{\cos\varphi}$$

式中：S_3——变压器容量（V）；

P——负荷所采用的有功功率（W）；

$\cos\varphi$——负荷的功率因数。

选变压器还要注意其合理的供电半径。一般低压侧为 6 kV 和 10 kV 的变压器，其合理的供电半径为 5~10 km。低压侧电压为 380 V，供电半径小于 350 m。

变压器的布置一般有三种方式：一是布置在独立的变电房中，二是附设在其他建筑物内部，三是在电杆上作为架空变压器。不论采用何种布置方式，都要尽量布置在接近高压电源的地方，以使高压线进线方便，并且要尽量布置在用电负荷的中心地带。变压器不要布置在地势低洼、潮湿的地方，特别是不要布置在百年一遇洪水水位以下地带，在有易燃物或有剧烈振动的场所，也不宜布置变压器。

步骤四　确定电源供给点，布置配电线路

一般大中型公园都要安装自己的配电变压器，做到独立供电。小公园、小游园的用电量比较小，也常直接借用附近街区原有变压器提供电源。电源取用点确定以后，要根据园林用电性质和环境情况决定采用配电线路布置方式来布置线路系统。

1. 确定电源供给点

园林绿地的电力来源，常见的有以下几种：

（1）借用就近现有变压器；

（2）利用附近的高压电力网；

（3）如果园林绿地（特别是风景区）离现有电源太远或者当地电源供电能力不足时，可自行设立小发电站或发电机组以满足需要。

2. 布置配电线路

为用户配电主要是通过配电变压器降低电压后，再通过一定的低压配电方式输送到用户设备上。在到达用户设备之前的低压配电线路,可采用下述的布置形式,主要依据用电性质、用电量和投资资金情况选定,如图 6 - 2 - 1 所示。

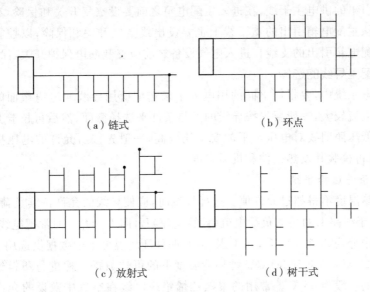

（a）链式   （b）环点

（c）放射式   （d）树干式

图 6 - 2 - 1 低压配电线路的布置方式

(1)链式线路。从配电变压器引出的 380/220 V 低压配电主干线,顺序地连接起几个用户配电箱,其线路布置为链条状。这种线路布置形式适宜在配电箱设备不超过 5 个的较短的配电干线上采用。

(2)环式线路。通过从变压器引出的配电主干线,将若干用户的配电箱顺序地联系起来,而主干线的末端仍返回到变压器上。这种线路构成了一个闭合的环。环状电路中任何一段线路发生故障,都不会造成整个配电系统断电。以这种方式供电的可靠性比较高,但线路、设备投资也相应较高。

(3)放射式线路。由变压器的低压端引出低压主干线至各个主配电箱,再由每个主配电箱各引出若干条支干线,连接到各个分配电箱。最后由每个分配电箱引出若干小支线,与用户配电极及用电设备连接起来。这种线路分布呈三级放射状,供电可靠性高,但线路和开关设备等投资较大,所以适合用电要求比较严格、用电量比较大的用户地区。

(4)树干式线路。从变压器引出主干线,再从主干线上引出若干条支干线,从每一条支干线上再分出若干支线与用户设备相连。这种线路呈树木分枝状,减少了许多配电箱及开关设备,因此投资比较少。但是,若主干线出故障,则整个配电线路即不能通电,所以,这种形式用电的可靠性不太高。

(5)混合式线路。采用上述两种以上形式进行线路布局,构成混合了几种布置形式优点的线路系统。如在一个低压配电系统中,对一部分用电要求较高的负荷采用局部放射式或环式线路,对另一部分用电要求不高的用户则可采用树干式局部线路,整个线路则构成了混合式。

布置线路系统时,园林中游乐机械或喷泉等动力用电与一般照明用电最好能分开单独供电。其三相电路的负荷要尽量保持平衡。此外,在单相负荷中,每一单相用电都要分别设开关,严禁一闸多用。支线上的分线路不要太多,每根支线上的插座、灯头数的总和最好不超过 25 个。每根支线上的工作电流一般为 6～10 A 或 10～30 A。支线最好走直线,要满足线路最短的要求。

从变压器引出的供电主干线,在进入主配电箱之前要设空气开关和保险,有的还要设一个总电表。在从主配电箱引出的支干线上也要设出线空气开关和保险,以控制整个主干线的电路。从分配电箱引出的支线在进入电气设备之前应安装漏电保护开关,保证用电安全。

步骤五　配电导线的选择

在园林供电系统中,要根据不同的用电要求来选配所用导线或电缆截面的大小。低压动力线的负荷电流较大,一般要先按导线的发热条件来选择截面,然后再校验其电压的损耗和机械强度。低压照明线对电压水平的要求比较高,一般先按所允许的电压损耗条件选择导线截面,而后再校验其发热条件和机械强度。

1. 按发热条件选择导线

导线的发热温度不得超过允许值。选择导线时,应使导线的允许持续负荷电流(即允许载流量)I_1 不小于线路上的最大负荷电流(计算电流)I_2,即 $I_1 \geqslant I_2$。通常把电线、电缆的载流量在空气环境中分为 25 ℃,30 ℃,35 ℃ 及 40 ℃ 四种环境温度下的数据供选用。埋地电缆的载流量则分为 20 ℃,25 ℃ 和 30 ℃ 三种环境温度下的可选数据。橡皮与塑料绝缘导线线芯的极限工作温度一般为 65 ℃。常用的聚氯乙烯绝缘电线在空气中敷设的允许载流量见表 6-2-3 所列,穿钢管敷设的允许载流量见表 6-2-4 所列。聚氯乙烯绝缘电力电缆在空气中敷设的允许载流量和埋地敷设的允许载流量见表 6-2-5 所列。

表 6-2-3　常用聚氯乙烯绝缘电线在空气中敷设的允许载流量(A)(极限温度 $T_m = 65$ ℃)

截面 (mm²)	BLV 铝芯				BV、BVR 铜芯			
	25 ℃	30 ℃	35 ℃	40 ℃	25 ℃	30 ℃	35 ℃	40 ℃
1.0	—	—	—	—	19	17	16	15
1.5	18	16	15	14	24	22	20	18
2.5	25	23	21	19	32	29	27	25
4	32	29	27	25	42	39	36	33
6	42	39	36	33	55	51	47	43
10	59	55	51	46	75	70	64	59
16	80	74	69	63	105	98	90	83
25	105	98	90	83	138	129	119	109
35	130	121	112	102	170	158	147	134
50	165	154	142	130	215	201	185	170
70	205	191	177	162	265	247	229	209
95	250	233	216	197	325	303	281	257
120	285	266	246	225	375	350	324	296
150	325	303	281	257	430	402	371	340
185	380	355	328	300	490	458	423	387

表 6-2-4　常用聚氯乙烯绝缘电线穿钢管敷设的允许载流量(A)(极限温度 T_m＝65℃)

截面(mm²)		二芯				三芯				四芯			
		25℃	30℃	35℃	40℃	25℃	30℃	35℃	40℃	25℃	30℃	35℃	40℃
BLV 铝芯	2.5	20	18	17	15	18	16	15	14	15	14	12	11
	4	27	25	23	21	24	22	20	18	22	20	19	17
	6	35	32	30	27	32	29	27	25	28	26	24	22
	10	49	45	42	38	44	41	38	34	38	35	32	30
	16	63	58	54	49	56	52	48	44	50	46	43	39
	25	80	74	69	63	70	65	60	55	65	60	50	51
	35	100	93	86	79	90	84	77	71	80	74	69	63
	50	125	116	108	98	110	102	95	87	100	93	86	79
	70	155	144	134	122	143	133	123	113	127	118	109	100
	95	190	177	164	150	170	158	147	134	152	142	131	120
	120	220	205	190	174	195	182	168	154	172	160	148	136
	150	250	233	216	197	225	210	194	177	200	187	173	158
	185	285	266	246	225	255	238	220	201	230	215	198	181
BV 铜芯	1.0	14	13	12	11	13	12	11	10	11	10	9	8
	1.5	19	17	16	15	17	15	14	13	16	14	13	12
	2.5	26	24	22	20	24	22	20	18	22	20	19	17
	4	35	32	30	27	31	28	26	24	28	26	24	22
	6	47	43	40	37	41	38	35	32	37	34	32	29
	10	65	60	56	51	57	53	49	45	50	46	43	39
	16	82	76	70	64	73	68	63	54	65	60	56	51
	25	107	100	92	84	95	88	82	75	85	79	73	67
	35	133	124	115	105	115	107	99	90	105	98	90	83
	50	165	154	142	130	146	136	126	115	130	121	112	102
	70	205	191	177	162	183	171	158	144	165	154	142	130
	95	250	233	216	197	225	210	194	177	200	187	173	158
	120	290	271	250	229	260	243	224	205	230	215	198	181
	150	330	308	285	261	300	280	259	237	265	247	229	209
	185	380	355	328	300	340	317	294	268	300	280	259	237

表 6-2-5　常用聚氯乙烯电力电缆在空气中/埋地敷设的允许载流量(A)(极限温度 $T_m=65℃$)

主线芯截面 (mm²)		中性线截面 (mm²)	1 kV(四芯)					6 kV(三芯)				
			20℃	25℃	30℃	35℃	40℃	20℃	25℃	30℃	35℃	40℃
铝芯	4	2.5	/31	23/29	21/27	19/	18/					
	6	4	/39	30/37	28/35	25/	23/					
	10	6	/53	40/50	37/47	34/	31/	/52	43/49	40/46	37/	34/
	16	6	/69	54/65	50/61	46/	42/	/67	56/63	52/59	48/	44/
	25	10	/90	73/85	68/79	63/	57/	/86	73/81	68/76	63/	57/
	35	10	/116	92/110	86/103	79/	72/	/108	90/102	84/95	77/	71/
	50	16	/143	115/135	107/126	99/	90/	/134	114/127	106/119	98/	90/
	70	25	/172	141/162	131/152	121/	111/	/163	143/154	133/145	123/	113/
	95	35	/207	174/196	162/184	150/	137/	/193	168/182	157/171	145/	132/
	120	35	/236	201/223	187/208	173/	158/	/221	194/209	181/196	167/	153/
	150	50	/266	231/252	215/236	199/	182/	/228	233/237	208/202	192/	176/
	185	50	/300	266/284	248/265	230/	210/	/286	256/270	239/252	221/	202/
	240							/332	301/313	281/292	160/	238/
铜芯	4	2.5	/39	30/37	28/35	25/	23/					
	6	4	/51	39/48	36/45	33/	30/					
	10	6	/68	52/64	48/60	44/	41/	/67	56/63	52/59	48/	44/
	16	6	/90	70/85	67/79	60/	55/	/87	73/82	62/77	63/	57/
	25	10	/118	94/111	87/104	81/	74/	/111	95/105	88/98	82/	75/
	35	10	/152	119/143	111/134	102/	94/	/141	118/133	110/125	96/	93/
	50	16	/185	149/175	139/164	128/	117/	/175	148/165	138/155	128/	117/
	70	25	/224	184/211	172/198	159/	145/	/212	181/200	169/188	156/	143/
	95	35	/270	226/254	211/238	195/	178/	/252	218/237	203/222	188/	172/
	120	35	/308	260/290	243/272	224/	205/	/287	251/271	234/253	217/	198/
	150	50	/346	301/327	281/306	260/	238/	/328	290/310	271/290	250/	229/
	185	50	/390	345/369	322/346	298/	272/	/369	333/348	311/325	288/	263/
	240							/431	391/406	365/280	339/	309/

注:每格中"/"前数字为在空气中敷设的允许载流量,"/"后数字为埋地敷设的允许载流量。

2. 按电压损耗条件选择导线

当电流通过送电导线时,由于线路中存在阻抗,必然产生电压损耗或电压降落。如果电压损耗值或电压降值超过允许值,用电设备就不能正常使用,因此必须适当加大导线的截面,使之满足允许电压损耗的要求。低压供电线路末端的电压损耗允许值一般为 5%,有照明负荷的低压线路允许的电压偏移值为 3%～5%。照明灯端子处电压允许偏移值,一般工作场所为 5%,在视觉要求较高的场所为 2.5%,道路照明、事故照明为 10%(使用气体放电灯具的道路照明为 5%),电动机端子处电压偏移允许值在正常情况下为 -5%～+5%。在供电设计中,根据从变压器或配电箱开始至线路末端的线路长度以及至线路末端时允许的电压损耗值,就可以通过计算选择供电导线的截面。当设定全线路的导线材料和截面相同,而负荷功率因数接近1,并且不计感抗,则这种三相线路叫作"均一无感线路"。对这种均一无感线路的导线选择,可用下式计算其导线截面。

$$S = \frac{\sum(PL)}{C\Delta U_{yx}\%}$$

式中:S——导线截面面积(m^2);

$\sum(PL)$——线路的所有功率矩之和;

P——线路负荷的电功率(kW);

L——送电距离(m);

C——计算系数,查表6-2-6;

$\Delta U_{yx}\%$——线路允许的电压损耗百分值。

表6-2-6 计算系数 C 值

线路额定电压 (V)	线路接线及电流类别	C 值	
		铜线	铝线
380/220	三相四线	77×10	46.3×10
	两相三线	34×10	20.5×10
220	单相及电流	12.8×10	7.75×10
110		3.2×10	1.90×10

对于由 380/220 V 三相四线供电而常分支成二相三线或单相二线的线路,按允许电压损耗计算导线截面时,可采用下式进行计算。

$$S = \frac{\sum M + \sum \alpha m}{C\Delta U_{yx}\%}$$

式中:S——导线截面面积(mm^2);

$\sum M$——计算线段及其后面各段的功率矩($M = PL$);

$\sum \alpha m$——由计算线段供电的所有分支线段的功率矩(m);

α——功率矩换算系数,可查表6-2-7;

m——线路负荷。

表6-2-7 功率矩换算系数 α 值

干线	分支线	换算系数 α	
		代号	数值
三相四线	单相	$\alpha 4-1$	1.83
三相四线	两相三线	$\alpha 4-2$	1.37
两相三线	单相	$\alpha 3-1$	1.33
三相三线	两相两线	$\alpha 3-2$	1.15

3. 按机械强度选择导线

安装好的电线、电缆,有可能受到风雨、雪雹、温度应力和线缆本身重力等外界因素的影响,这就要求导线或电缆有足够的机械强度。因此,所选导线的最小截面不得小于按机械强度要求的最小允许截面。架空低压配电线路的最小截面不应小于 16 mm²,而用铜绞线的直径则不小于 3.2 mm²。

根据以上三种方法选出的导线,设计中应以其中最大一种截面为准。导线截面求出之后,就可以从电线产品目录中选用稍大于所求截面的导线,然后再确定中性线的截面大小。

4. 配电线路中性线(零线)截面的选择

选择中性线截面主要应考虑以下条件:三相四线制的中性线截面不小于相线截面的50%;接有荧光灯、高压汞灯、高压钠灯等气体放电灯具的三相四线制线路,中性线应与三根相线的截面一样大小;单相两线制的中性线则应与相线一样大小截面。

步骤六　识读设计图样、编号相应的设计文件

认真识读配电系统图(图 6-2-2),理解图纸内容。

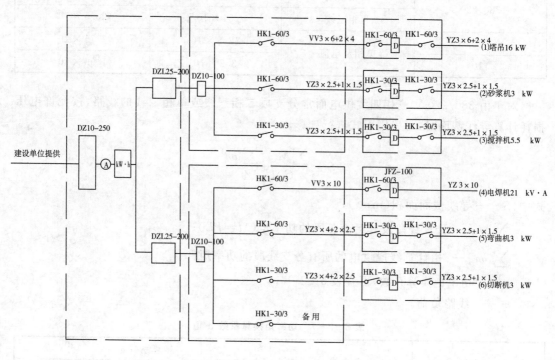

图 6-2-2　配电系统图

任务完成和效果评价

学生按照既定计划按步骤完成学习和工作任务,提交学习成果(课堂笔记和作业)、工作成果及体会。

任务完成效果评价表

班级： 学号： 姓名： 组别：

考核方法	从学生查阅资料完成学习任务的主动性、所学知识的掌握程度、语言表述情况等进行方面综合评定；在操作中对学生所做的每个步骤或项目进行量化，得出一个总分，并结合学生的参与程度、所起的作用、合作能力、团队精神、取得的成绩进行评定				
任务考核问题	极不满意	不满意	一般	满意	非常满意
	1	2	3	4	5
1. 变压器的选配					
2. 配电导线的选择					
3. 供电施工图绘制					
学生自评分：	学生互评分：		教师评价分：		
综合评价总分（自评分×0.2＋互评分×0.3＋教师评价得分×0.5）：					
学生对该教学方法的意见和建议：					
对完成任务的意见和建议：					

注：如果对项目的设置、教师在引导项目完成过程中的表现以及完成项目好的建议，请填写"对完成任务的意见和建议"。

知识拓展

（一）电源与电压

1. 电源

使其他形式的能量转变为电能的装置叫电源，如发电机、电池等。园林供电基本上都取之于地区电网，而地区电网的电源则为发电厂中的水力或火力发电机，只有少数距离城市较远的风景区才可能利用自然山水条件自发电使用。发电厂的电能需要通过输电线路送到远距离的工业区、城市和农村。电能传输有交流输电和直流输电两种方式，经变压器升压后直接输送的电能称为"交流输电"；高压交流经整流，变换为直流后再输送的称为"直流输电"。交流输电输送的交流电是电压、电流的大小和方向要随时间变化而做周期性改变的一类电能。园林照明、喷泉、提水灌溉、游艺机械等的用电，都是交流电。在交流电供电方式中，一般都提供三相交流电源，即在同一电路中有频率相同而相位互差120°的三个电源。园林供电系统中的电源也是三相的。

2. 电压与电功率

电压是静电场或电路中两点间的电势差，实用单位为伏（V）。在交流电路中，电压有瞬时值、平均值和有效值之分，常将有效值简称为"电压"。电功率是电做功快慢程度的量度，常用单位时间内所做的功或消耗的功来表示，单位为瓦特（W）。园林设施直接使用的电源电压主要是220 V和380 V的，属于低压供电系统的电压，其最远输送距离在350 m以下，最大输送功率在175千瓦（kW）以下。中压线路的电压为1～10千伏（kV），10 kV的输电线路的最大送电距离在10 km以下，最大送电功率在5000 kW以下。高压线路的电压在10

kV 以上,最大送电距离在 50 km 以上,最大送电功率在 10000 kW 以上(表 6-2-8)。

表 6-2-8　输电线路电压与送电距离

线路电源(kV)	送电距离(km)		送电功率(kW)	
	架空线	埋地电缆	架空线	埋地电缆
0.22	≤0.15	≤0.20	≤50	≤100
0.38	≤0.25	≤0.35	≤100	≤175
6	10~5	≤8.00	≤2000	≤3000
10	15~8	≤10.00	≤3000	≤5000
35	50~20		2000~1万	
110	150~50		1万~5万	
220	300~100		10万~50万	
330	600~200		20万~100万	

3. 三相四线制供电

从电厂的三相发电机送出的三相交流电源,采用三根火线和一根地线(中性线)组成一条电路,这种供电方式就叫作"三相四线制"供电。在三相四线制供电系统中,可以得到两种不同的电压,一是线电压,一是相电压。两种电压的大小不一样,线电压是相电压的 1.73 倍。单相 220 V 的相电压一般用于照明线路的单相负荷;三相 380 V 的线电压则多用于动力线路的三相负荷。三相四线制供电的好处是不管各相负荷多少,其电压都为 0~220 V,各相的电器都可以正常使用。当然,如各相的负荷比较平衡,则更有利于减少地线的电流和线路的电耗。园林设施的基本供电方式都是三相四线制的。

4. 用电负荷

用电负荷又称"负载",指动力或电力设备在运行时所产生、转换、消耗的功率。如发电机在运行时的负荷指当时所发出的千瓦数。电力用户的负荷是指该用户向电网取用的功率。设备实际运行负荷与额定负荷相等时称"满负荷"或"全负荷",超过额定负荷时则称"过负荷"。有时将连接在供电线路上的用电设备,如电灯、电动机、制冰机等,称为该线路的负荷。不同设备的用电量不一样,其负荷就有大小的不同。负荷的大小即用电量,一般用度数来表示,1 度电就是 1 kW·h。在三相四线制供电系统中,只用两条电线工作的电器设备,如电灯,其电源是单相交流电源,其负荷称为单相负荷;凡是应用三根电源火线或四线全用的设备,其电源是三相交流电源,其负荷也相应属于三相负荷。无论单相还是三相负荷,接入电源正常工作的条件,都是电源电压达到其额定数值,电压过低或过高,用电设备都不能正常工作。根据用电负荷性质(重要性和安全性)的不同,国家将负荷等级分为三级:一级负荷是必须确保不能断电的,如果中断供电就会造成人身伤亡或重大的政治、经济损失,这种负荷必须有两个独立的电源供应系统;二级负荷是一般要保证不断电的,若断电就会造成公共秩序混乱或较大的政治、经济损失;三级负荷是对供电没有特殊要求,没有一、二级负荷的断电后果的。

（二）送电与配电

由火力发电厂和水电站生产的电能,要通过很长的线路输送,才能送达到电网用户的电器设备。送电距离越远,则线路的电能损耗就越大。送电的电压越低,电耗也越增大。因此,电厂生产的电能必须要用高压输电线输送到远距离的用电地区,然后再经降压,以低压输电线将电能分配给用户。通常,发电厂的三相发电机产生的电压是 6 kV、10 kV 或 15 kV,在送上电网之前都要通过升压变压器升高电压到 35 kV 以上。输电距离和功率越大,则输电电压也应越高。高压电能通过电网输送到用电地区所设置的 6 kV、10 kV 降压变电所,降低电压后又通过中压电路输送到用户的配电变压器,将电压再降到 380/220 V,供各种负荷使用。图 6-2-3 是这种送配电过程的示意简图。

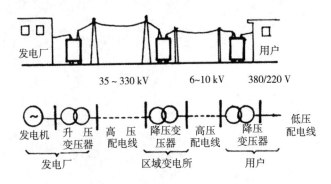

图 6-2-3 送配电过程示意简图

思考与练习

1. 试设计某公园、绿地或居住小区的户外照明,并结合设计或实例说明户外照明的几种主要方式和主要配光形式。

2. 试述配电线路布置的主要方式及其特点。

随堂测验

变压器的功能是(　　)。

A. 生产电能　　　B. 消耗电能　　　C. 生产又消耗电能　　　D. 传递功率

参 考 文 献

[1] 刘玉华. 园林工程[M]. 北京:高等教育出版社,2017.

[2] 陈科东. 园林工程技术[M]. 北京:中国林业出版社,2016.

[3] 孟兆祯. 风景园林工程[M]. 北京:中国林业出版社,2012.

[4] 胡长龙. 园林规划设计[M]. 北京:中国农业出版社,2013.

[5] 叶要妹,包满珠. 园林树木植养护学[M]. 北京:中国林业出版社,2012.

[6] 赵兵. 园林工程[M]. 南京:东南大学出版社,2011.

[7] 易军. 园林工程材料识别与应用[M]. 北京:机械工业出版社,2012.

[8] 中华人民共和国住房和城乡建设部,中华人民共和国国家质量监督检验检疫总局. 砌体结构工程施工质量验收规范(GB 5003—2011)[S]. 北京:光明日报出版社,2011.

[9] 广州市质量技术监督局. 园林铺装工程(园路)施工验收规范(DBJ 440100/T 86—2010)[S].

[10] 中华人民共和国住房和城乡建设部. 园林绿化施工及验收规范(CJJ 82—2012)[S]. 北京:中国建筑工业出版社,2013.

[11] 徐哲民,吴卓珈,周秋萍,等. 园林土方工程施工中要注意的七个问题[J]. 湖南农机,2010,37(11):207 - 210.

[12] 中华人民共和国住房和城乡建设部,中华人民共和国国家质量监督检验检疫总局. 室外排水设计规范(GB 50014—2006)[S]. 北京:中国建筑工业出版社,2017.